Baljit Singh
Vikrant Sharma

Entwurf von Geräten zur Verabreichung von Medikamenten auf Hydrogelbasis

Baljit Singh
Vikrant Sharma

Entwurf von Geräten zur Verabreichung von Medikamenten auf Hydrogelbasis

Bewertung von Netzwerkparametern und mechanistische Implikationen

ScienciaScripts

Imprint
Any brand names and product names mentioned in this book are subject to trademark, brand or patent protection and are trademarks or registered trademarks of their respective holders. The use of brand names, product names, common names, trade names, product descriptions etc. even without a particular marking in this work is in no way to be construed to mean that such names may be regarded as unrestricted in respect of trademark and brand protection legislation and could thus be used by anyone.

Cover image: www.ingimage.com

This book is a translation from the original published under ISBN 978-620-7-45715-1.

Publisher:
Sciencia Scripts
is a trademark of
Dodo Books Indian Ocean Ltd. and OmniScriptum S.R.L publishing group

120 High Road, East Finchley, London, N2 9ED, United Kingdom
Str. Armeneasca 28/1, office 1, Chisinau MD-2012, Republic of Moldova, Europe
Printed at: see last page
ISBN: 978-620-7-85955-9

Entwurf von Vorrichtungen zur Verabreichung von Medikamenten auf Hydrogelbasis: Evaluierung von Netzwerkparametern und mechanistischen Implikationen

Vikrant Sharma und Baljit Singh

Dr. Vikrant Sharma
Assistenzprofessor,
Fakultät für Chemie,
Universität Himachal Pradesh,
Shimla-171005, Indien.

Prof. Baljit Singh
Professor, Fachbereich Chemie,
Universität Himachal Pradesh,
Shimla-171005, Indien.

Abstrakt

In jüngster Zeit liegt der Schwerpunkt der Forschung weltweit auf der Entwicklung fortschrittlicher Systeme zur Verabreichung von Arzneimitteln, um deren therapeutisches Potenzial und klinische Sicherheit zu verbessern und die mit herkömmlichen Arzneimittelformulierungen verbundenen Nachteile zu verringern. Hydrogele sind äußerst zuverlässige Materialien, die aufgrund ihrer Biokompatibilität und physikalisch-chemischen Eigenschaften für die Entwicklung von Medikamentenverabreichungssystemen erforscht wurden. Die inhärenten Eigenschaften von polymeren Hydrogelen, die sie für DD-Anwendungen geeignet machen, werden durch ihre vernetzten Netzwerkstrukturen gesteuert. Es wurden mehrere Theorien und komplexe mathematische Gleichungen/Modelle vorgeschlagen, um die Netzwerkstruktur der Hydrogele zu erklären. Ihr umfangreiches Wissen übersteigt fast das Fachwissen von Polymerchemikern, die an der Entwicklung von DD-Vorrichtungen beteiligt sind. Hier wurden Vereinfachungen dieser Gleichungen vorgenommen, um sie für die Bewertung von Netzwerkparametern zu nutzen, die für die Entwicklung von Hydrogelen für DD-Geräte erforderlich sind. Die Bedeutung der Hydrogelquellung und ihre Korrelation mit den verschiedenen synthetischen und physiochemischen Parametern sowie ihr Einfluss auf die Parameter der strukturellen Vernetzung von DD-Systemen auf Hydrogelbasis wurden ebenfalls analysiert.

Inhaltsübersicht

Kapitel 1

Einführung

Hydrogele, vernetzte dreidimensionale polymere Netzwerkstrukturen, besitzen aufgrund ihrer hydrophilen Eigenschaften die einzigartige Fähigkeit, große Mengen Wasser aufzunehmen. Wenn sie vollständig aufgequollen sind, weisen diese Materialien eine außergewöhnliche Ausgewogenheit der physiochemischen und mechanischen Stabilität auf, die von mäßig bis hoch reicht. Sie besitzen die bemerkenswerte Fähigkeit, sich schnell auszudehnen, indem sie beträchtliche Wassermengen aufnehmen, oder sich umgekehrt als Reaktion auf Veränderungen in ihrer Umgebung zusammenzuziehen. Hydrogele sind äußerst zuverlässige Biomaterialien, die wegen ihrer vorteilhaften biomedizinischen und physikochemischen Eigenschaften sowie ihrer günstigen Kompatibilität mit lebendem Gewebe und der biologischen Umgebung geschätzt werden.

Die Fortschritte bei der Entwicklung von Hydrogelen haben die Anwendungsmöglichkeiten dieser Materialien für biomedizinische Zwecke verändert. Aufgrund ihrer hydrophilen, weichen Konsistenz, die die Eigenschaften von natürlichem Gewebe widerspiegelt, ahmen Hydrogele natürliches, lebendes Gewebe genau nach und übertreffen andere synthetische Polymermaterialien. Darüber hinaus trägt ihr hoher Wassergehalt wesentlich zu den Anforderungen an die Biokompatibilität bei. Hydrogele weisen eine thermodynamische Affinität zu Wasser auf, die es ihnen ermöglicht, sich in wässriger Umgebung auszudehnen, was sie für eine Vielzahl von Anwendungen, insbesondere im medizinischen und pharmazeutischen Bereich, geeignet macht. Sie besitzen eine außergewöhnliche Wasseraufnahmefähigkeit, eine bemerkenswerte Elastizität und dienen als hocheffiziente Plattformen für den Transport von Zellen und Medikamenten. Hydrogele als Träger für die Verabreichung von

Arzneimitteln (DD) haben eine Schlüsselrolle bei der Minimierung der negativen Aspekte herkömmlicher DD gespielt. Polymere, die aus natürlichen Ressourcen und synthetischem Ursprung stammen, wurden bei der Herstellung von Hydrogelen ausgiebig genutzt. Der hydrophile Charakter des Gels erschwert jedoch die Verkapselung von hydrophoben Heilmitteln und führt zu einer unkontrollierten Freisetzung der geladenen Substanz. In solchen Fällen war eine Modifizierung der Netzwerkstruktur erforderlich [1]. Auf Hydrogelen basierende DD-Systeme mit kontrollierter Freisetzung sind vielversprechend als Träger oder Vorrichtungen zur Bewältigung von Problemen im Zusammenhang mit der abrupten Wirkstofffreisetzung. Sie bieten eine bessere räumlich-zeitliche Kontrolle über lokal verabreichte Heilmittel mit dem Ziel, eine präzise ortsspezifische vordefinierte DD zu fördern [2].

Die Vorzüge von Polymergelen, die sie für zahlreiche medizinische Anwendungen vorteilhaft machen, ergeben sich hauptsächlich aus ihrer vernetzten Struktur, die durch die Art und den Gehalt an Monomeren, Vernetzern und anderen bei der Synthese von Hydrogelen verwendeten Reaktionsarten moduliert wird. Zum besseren Verständnis der dreidimensionalen (3D) vernetzten Strukturen von Polymergelen werden von Polymerchemikern häufig die Quelleigenschaften herangezogen. Die Kenntnis der Lösungsmittelaufnahme oder der Quellungseigenschaften von vernetzten Polymergelen erwies sich als entscheidender Schritt zur Bestimmung der intrinsischen Gelarchitektur von Netzwerkhydrogelen und ihrer Fähigkeit als DD-Träger [3,4]. Es wurden mehrere Theorien zur Erklärung der Netzwerkkonfiguration von Gelen und ihres Quellungsmechanismus vorgeschlagen. Einige Theorien berücksichtigen die tatsächliche Netzwerkstruktur mit Defekten, während andere zur Vereinfachung der Analyse eine ideale Netzwerkstruktur annehmen. In jedem Fall wird das Hydrogel einem geeigneten penetrierenden Lösungsmittel ausgesetzt, bis das Gleichgewichtsstadium der Quellung erreicht ist. Im Gleichgewichtszustand besteht ein Gleichgewicht zwischen der thermodynamisch zwingenden Quellkraft und der durch die vernetzte Struktur der quellenden Polymergele gebotenen Retraktion [5].

1.1 Quellungseigenschaften von Hydrogelen

Die Quellfähigkeit ist eine intrinsische Eigenschaft von Hydrogelen, bei der sie ihre Dimensionen und Größe aufgrund des Eindringens von Lösungsmitteln in Hohlräume in porösen Polymernetzwerken vergrößern [6]. Die maximale Quellfähigkeit von Hydrogelen ergibt sich aus dem empfindlichen Zusammenspiel zwischen treibenden Quell- und widerstehenden elastischen Kräften. Durch Anpassung des Gleichgewichts dieser gegensätzlichen Kräfte können Hydrogele mit unterschiedlichen Quelleigenschaften hergestellt werden. Wenn ein Hydrogel zunächst in eine wässrige Lösung getaucht wird, dringen Wassermoleküle in seine Netzwerkstruktur ein. In dieser Situation bildet sich eine dynamische Grenze zwischen der nicht gelösten glasartigen Phase und dem gummiartigen Bereich des Hydrogels. Die eindringenden Lösungsmittelmoleküle nehmen einen gewissen Raum ein, wodurch sich bestimmte Segmente des Netzwerks ausdehnen. Durch diese Ausdehnung können zusätzliche Wassermoleküle in das Gel-Netzwerk eindringen. Es ist klar, dass die Quellung ein endlicher Prozess ist; die elastischen Eigenschaften des kovalenten oder physikalisch vernetzten Netzwerks dienen als Gegenkraft, die eine übermäßige Dehnung des Netzwerks und damit seine Zerstörung verhindert. Durch das Ausbalancieren dieser beiden entgegengesetzten Kräfte entsteht eine Nettokraft, die als Quelldruck bezeichnet wird und bei Gleichgewichtsquellung gleich Null ist [7,8]. Einige Hydrogele passen ihre Quellungseigenschaften an veränderte Umgebungsbedingungen und -faktoren an. Die Volumen-Phasenübergänge als

Reaktion auf verschiedene Stimuli machen diese Materialien zu interessanten Objekten für wissenschaftliche Beobachtungen und zu nützlichen Materialien für DD-Zwecke. Diese Veränderungen können durch äußere Faktoren wie Änderungen des pH-Werts, der Temperatur, der Ionenstärke und der elektrischen Stimulation des umgebenden Mediums ausgelöst werden.

1.2 Bedeutung der Quellung von Hydrogelen für die Entwicklung von Arzneimittelabgabevorrichtungen

Hydrogele sind eine neue Klasse von DD-Systemen mit kontrollierter Freisetzung auf Polymerbasis. Diese DD-Systeme zeigen eine quellungsgesteuerte Wirkstofffreisetzung zusammen mit der Stimulierbarkeit ihrer Gel-Netzwerke und den Eigenschaften der Wirkstofffreisetzung [9]. Aufgrund der offensichtlichen Abweichung des physiologischen pH-Werts an verschiedenen Körperstellen unter unterschiedlichen pathologischen Bedingungen wurden die pH-empfindlichen Netzwerk-Hydrogele eingehend untersucht [10]. Hydrogele weisen eine Reihe von physiochemischen und biologischen Eigenschaften auf, was ihre Attraktivität als DD-Systeme erhöht. Solche Verabreichungsvorrichtungen sind mit biologischen Systemen kompatibel und können kontrollierte, vordefinierte und ausgelöste DD-Eigenschaften an verschiedenen physiologischen Orten bieten [11]. Da bei der kovalenten Vernetzung irreversible chemische Bindungen entstehen, werden Hydrogele mit kontinuierlicher Netzwerkstruktur erzeugt. Durch diese Art der Verbindung können sie Wasser und bioaktive Moleküle aufnehmen, ohne sich aufzulösen und zu zerfallen, und die eingekapselten Medikamente und Agrochemikalien diffundieren lassen [12]. Die Vielseitigkeit von Hydrogelen für verschiedene biomedizinische Anwendungen ist in erster Linie auf ihre vernetzte Struktur zurückzuführen, die durch die Funktionalität und die Menge des Rückgrats, der Monomere und des bei der Hydrogelsynthese verwendeten

Vernetzers bestimmt wird [13,14]. Die Kontrolle über die Diffusionsrate von Medikamenten aus Hydrogelen kann durch die Anpassung der Funktionalität des vernetzten Gel-Netzwerks erreicht werden und spielt eine entscheidende Rolle bei der Entwicklung von Hydrogel-vermittelten Anwendungen [15,16]. Die häufigste Methode zum Verständnis der vernetzten Struktur von Gel-Netzwerken ist die Untersuchung des Quellungsprofils von Hydrogelen [17]. Sobald dieses Wissen erworben ist, ermöglicht die Modifizierung der vernetzten Gelstruktur durch Veränderung der Maschengröße eine präzise Kontrolle der Diffusion von Arzneimitteln auf eine vorher festgelegte und ortsspezifische Weise [18]. Die Fähigkeit zur Beladung von Hydrogelen mit Arzneimitteln kann durch die Modifizierung des Polymergerüsts mit ausgewählten multifunktionellen Vernetzern erfolgreich erreicht werden, so dass sie für die Verkapselung und Diffusion einer Vielzahl von Modellarzneimitteln breit einsetzbar sind. Aufgrund der Korrelation zwischen der Netzwerkarchitektur des Polymers und der Funktionalität der Medikamentenbeladung wird die Effizienz der Verkapselung von Medikamenten in Hydrogelen erheblich gesteigert [19]. Sowohl die Sorption als auch der Transport von Molekülen werden durch das Vorhandensein von Mikrohohlräumen in der porösen Matrix und durch die geometrische Struktur des Polymers beeinflusst [20,21].

1.3 Quellungseigenschaften von Hydrogelen und Korrelation mit Netzwerkparametern

Im gequollenen Zustand von Polymergelen vergrößert sich der Raum zwischen zwei Vernetzungen, wodurch sich die Poren/Maschen vergrößern und die Bewegung der gelösten Stoffe durch das Gel erleichtert wird. Dieser Transfer von gelösten Stoffen macht diese Gele zu einem geeigneten Material für die Verwendung als DD-Geräte [22]. Die Verfeinerung der strukturellen Architektur eines Hydrogels für eine bestimmte Anwendung erfordert die sorgfältige Auswahl geeigneter Ausgangsmaterialien und die Anwendung präziser Verarbeitungsmethoden. Die Wirkstoffdiffusions- und Austragsrate von eingekapselten Wirkstoffen aus Polymergelen kann durch die Anpassung der Eigenschaften des vernetzten Netzwerks von Polymergelen moduliert werden [23,24]. Sobald diese Informationen bekannt sind, kann die Gelstruktur durch Veränderung der Maschengröße so gesteuert werden, dass die Arzneimitteldiffusion auf spezifische Weise ermöglicht wird [25]. Die Geschwindigkeit und Kinetik der Wirkstofffreisetzung hängt von verschiedenen Netzwerkparametern der polymeren Plattformen ab [23]. Diese Netzwerkcharakteristika von vernetzten Polymergelen sind von verschiedenen Faktoren abhängig [26], wie z. B. der Konzentration des Vernetzers [27,28], der Temperatur [29], dem pH-Wert [30] und dem Gehalt an ionischen Salzen der eindringenden Lösungsmittel sowie dem Ausmaß der Wechselwirkungen zwischen den polymeren Kettensegmenten und den angrenzenden Lösungsmittelmolekülen des Quellmediums [31]. Es wurde eine Korrelation zwischen verschiedenen strukturellen Parametern von Hydrogelnetzwerken und den Eigenschaften der Wirkstofffreisetzung beobachtet, was auf die Herstellung von abstimmbaren DD-Systemen durch die Anpassung der Gelvernetzung und der Vernetzungsstruktur des Hydrogels an die gewünschten Merkmale und Eigenschaften hinweist [32]. Darüber hinaus haben sowohl das Ausmaß als auch die Art der Vernetzung (kovalent, ionisch, physikalische Verschränkung usw.) Auswirkungen auf die Polymerviskosität, die Steifigkeit, die Porosität, die Vernetzungsdichte und die Wirkstoffdiffusionsrate von Hydrogelen [33].

Die wichtigsten Parameter, die zur Darstellung der Netzwerkstruktur von Gelen verwendet werden, sind der Polymervolumenanteil ($\phi_{2,s}$) des gequollenen Polymers, das Molekulargewicht der

Polymerketten ($\overline{M}_c$) zwischen benachbarten Vernetzungen, die Dichte der Vernetzungen ((ρ)) und die entsprechende Poren-/Maschengröße (ξ) des Polymergels. Unter Berücksichtigung des zufälligen Charakters des Polymerisationsprozesses kann nur der Durchschnittswert $\overline{M}_c$ berechnet werden [34], während $\overline{M}_c$ das Ausmaß der Vernetzung in den Netzwerken der Polymerketten unabhängig von der Art der Vernetzung (d. h. physikalisch/chemisch) misst. Der Gleichgewichtsquellungsanteil des Polymers (Q_v) beschreibt das Ausmaß der Wasseraufnahme durch das polymere Gel im Gleichgewicht und ist mit der Netzwerkstruktur des Gels, dem Vernetzungsverhältnis, der Hydrophilie und der Ionisierung der funktionellen Gruppen korreliert. Daher kann die Untersuchung des Gleichgewichtsquellungsverhältnisses Aufschluss über die Netzwerkstruktur geben [3]. Die $\overline{M}_c$ -Werte können mit verschiedenen Methoden bestimmt werden [35,36], wobei die Methodik der Gleichgewichtsquellung von Polymergelen die beliebteste ist [37,38]. Die großen Werte von $\overline{M}_c$ deuten auf die elastischere Natur und die schnellen Quellungseigenschaften der Polymere in einem kompatiblen Quellungsmedium hin. Der Ausdruck für $\overline{M}_c$ kann durch Untersuchung der thermodynamischen Eigenschaften der Hydrogelquellung abgeleitet werden.

Die Bedeutung der Quellung für die Bestimmung der 3D-Netzwerkarchitektur von Hydrogelen und die mathematische Beziehung zwischen verschiedenen Hydrogel-Netzwerkparametern wird in Schema 1 bzw. 2 grafisch dargestellt. Aus diesen Schemata geht klar hervor, dass der $\overline{M}_c$ -Wert des Hydrogels erforderlich war, um die Maschengröße (ξ) und die Vernetzungsdichte (ρ) der Polymermatrix zu bestimmen. Der Wert $\overline{M}_c$ kann bewertet werden, indem die Quellung zur Berechnung des

Polymervolumenanteils ($\phi_{2,s}$) von Hydrogelen bei verschiedenen Temperaturen und Polymer-Lösungsmittel-Wechselwirkungen (χ_1) herangezogen wird. ξ und ρ liefern Informationen über die Netzwerkstruktur, die bei der Anpassung der DD-Vorrichtung für die kontrollierte und individuelle Freisetzung des eingekapselten Arzneimittels hilfreich sind. Daher war für einen Polymerchemiker eine Vereinfachung der mathematischen Gleichungen im Zusammenhang mit der thermodynamischen Quellung von Gelen erforderlich, um die $\overline{M}_c$ Werte des gequollenen Hydrogels zu bestimmen.

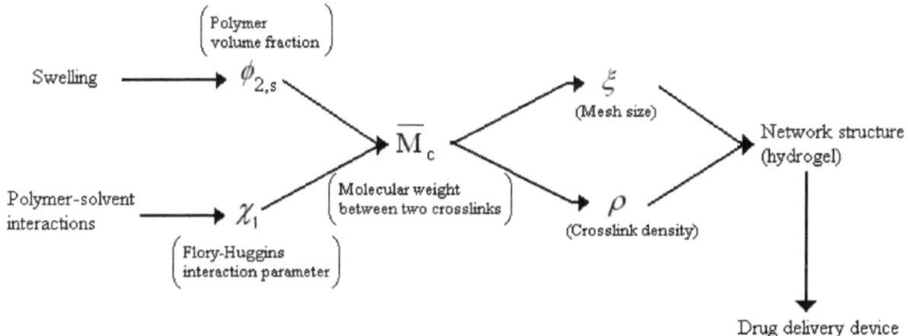

Schema 1: Bedeutung der Quellung für die Bestimmung der Netzwerkstruktur von Hydrogelen.

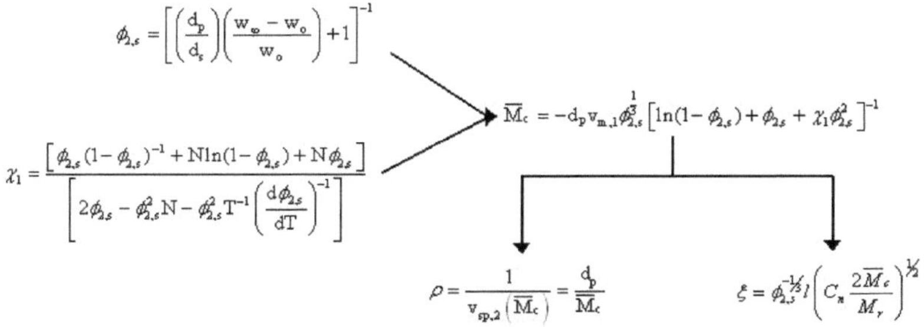

Schema 2: Mathematische Beziehung zwischen verschiedenen Netzwerkparametern des Hydrogels.

1.4 Schlussfolgerungen

Die biomedizinische Nutzung von Hydrogelen ist auf ihre vernetzte 3D-Struktur zurückzuführen, die es ihnen ermöglicht, therapeutische Wirkstoffe wirksam zu verkapseln und sie kontrolliert über einen längeren Zeitraum freizusetzen. Die Wirkstoffdiffusion aus den Hydrogelträgern kann durch die Anpassung der vernetzten Netzwerkstruktur gesteuert werden. Zum besseren Verständnis der 3D-Architektur von Polymergelen erwies sich die Kenntnis der Lösungsmittel-Polymer-Wechselwirkung und der Quellungseigenschaften von vernetzten Polymergelen als treibende Kraft oder erster Schritt zur Bestimmung der inhärenten Netzwerkgelstruktur und ihrer Fähigkeit als DD-Träger. Um die Berechnung der Netzwerkparameter im Interesse der Polymerchemiker, die die DD-Vorrichtungen entwerfen, zu ermöglichen, wurden verschiedene komplexe mathematische Gleichungen aufgestellt und diese Gleichungen so weit vereinfacht, dass ein Polymerchemiker aus einer einzigen experimentellen Beobachtung alle anderen Netzwerkparameter bestimmen konnte, die für kontrollierte DD-Systeme benötigt werden. Dieses Kapitel befasst sich mit der Bedeutung von Quellungsstudien für Polymerchemiker und der Korrelation von mathematischen Gleichungen für die Bewertung von Ausdrücken für verschiedene Netzwerkstrukturparameter.

1.5 Referenzen

[1] Pinelli F, Ponti M, Delleani S, Pizzetti F, Vanoli V, Vangosa FB, Castiglione F, Haugen H, Nogueira LP, Rossetti A, Rossi F, Sacchetti A. β-Cyclodextrin functionalized agarose-based hydrogels for multiple controlled drug delivery of ibuprofen. *Int J Biol Macromol* **2023**;252:126284.

[2] Mikhail AS, Morhard R, Mauda-Havakuk M, Kassin M, Arrichiello A, Wood BJ. Hydrogel-Arzneimittelsysteme für die minimal-invasive lokale Immuntherapie von Krebs. *Adv Drug Deliv Rev* **2023**;202:115083.

[3] Kim B, Peppas NA. Synthese und Charakterisierung von pH-sensitiven Glykopolymeren für orale Arzneimittelabgabesysteme. *J Biomater Sci Polym Edn* **2002**;13:1271-81.
[4] Micic M, Suljovrujic E. Network parameters and biocompatibility of p(2-hydroxyethyl methacrylate/itaconic acid/oligo(ethylene glycol) acrylate) dual-responsive hydrogels. *Eur Polym J* **2013**; 49(10):3223-33.
[5] Peppas NA, Huang Y, Torres-Lugo M, Ward JH, Zhang J. Physicochemical foundations and structural design of hydrogels in medicine and biology. *Annu Rev Biomed Eng* **2000**;2:9-29.
[6] Feng W, Wang Z. Tailoring the Swelling-Shrinkable Behavior of Hydrogels for Biomedical Applications. *Adv Sci* **2023**;10:2303326.
[7] Ganji F, Vasheghani-Farahani E. Hydrogels in controlled drug delivery systems. *Iranian Polym J* **2009;**18(1):63-88.
[8] Ganji F, Vasheghani-Farahani S, Vasheghani-Farahani E. Theoretical description of hydrogel swelling: A review. *Iranian Polymer Journal,* **2010,** 19(5), 375-398.
[9] Mahajan P., Bera MB. Anwendung des Konzepts des freien Volumens und Manipulation der Netzwerkstrukturparameter für eine optimale Beladung mit Gallussäure in der modifizierten Kutki (Panicum sumatrense) Hirse-Stärke-Hydrogel-Matrix. *Food Hydrocoll* **2023**;135:108218,
[10] Gupta P, Vermani K, Garg S. Hydrogele: von der kontrollierten Freisetzung bis zur pH-abhängigen Arzneimittelabgabe. *Drug Discov Today* **2002**;7(10):569-79.
[11] Knuth K, Amiji M, Robinson JR. Hydrogel-Verabreichungssysteme für vaginale und orale Anwendungen: Formulierung und biologische Überlegungen. *Adv Drug Deliv Rev* **1993**;11(1-2):137-67.

[12] Mushtaq F, Raza ZA, Batool SR, Zahid M, Onder OC, Rafique A, Nazeer MA. Herstellung, Eigenschaften und Anwendungen von Hydrogelen auf Gelatinebasis (GHs) in den Bereichen Umwelt, Technologie und Biomedizin. *Int J Biol Macromol* **2022**;218: 601-33,

[13] Singh B, Sharma V, Kumar R, Mohan M. Development of dietary fiber psyllium based hydrogel for use in drug delivery applications. *Food Hydrocoll Health* **2022**;2:100059.

[14] Singh B, Sharma V. Influence of polymer network parameters of tragacanth gum-basedpH responsive hydrogels on drug delivery. *Carbohydr Polym* **2014**;101: 928- 40.

[15] Sarmah D, Rather MA, Sarkar A, Mandal M, Sankaranarayanan K, Karak N. Self-cross-linked starch/chitosan hydrogel as a biocompatible vehicle for controlled release of drug. *Int J Biol Macromol* **2023;**237:124206.

[16] Ghorai S, Jana B, Ganguly J. Network-supported and adaptable binding efficacy for flexible and multi-functionalized chitosan/phenolic carbaldehyde hydrogels. *Int J Biol Macromol* **2023**;253(4):127004.

[17] Rahmani P, Shojaei A. Developing tough terpolymer hydrogel with outstanding swelling ability by hydrophobic association cross-linking. *Polymer* **2022**;254:125037.

[18] Concheiro A, Alvarez-Lorenzo C. Chemisch vernetzte und gepfropfte Cyclodextrin-Hydrogele: From nanostructures to drug-eluting medical devices. *Adv Drug Deliv Rev* 2013;65(9):1188-1203,

[19] Tronci G, Ajiro H, Russell SJ, Wood DJ, Akashi M. Tunable drug-loading capability of chitosan hydrogels with varied network architectures. *Acta Biomater* **2014**;10(2):821-30.

[20] Klopffer MH, Flaconnèche B. Transport Properties of Gases in Polymers: Bibliographic Review. *Oil Gas Sci Technol Rev IFP* **2001**;56:223-44.

[21] Sharma V, Singh B, Sharma P. Development of almond gum based copolymeric hydrogels for use in effectual colon-drug delivery. *J Drug Deliv Sci Technol* **2023**;84:104470.

[22] Vakkalanka SK, Peppas NA. Quellverhalten von temperatur- und pH-empfindlichen Blockterpolymeren für die Verabreichung von Arzneimitteln. *Polym Bull* **1996**;36:221-5.

[23] Sannino A, Demitri C, Madaghiele M. Biodegradable cellulose-based hydrogels: design and applications. *Materialien* **2009**;2:353-73.

[24] Ende MT, Hariharan D, Peppas NA; Factors influencing drug and protein transport and release from ionic hydrogels. *React Polym* **1995**;25:127-37.

[25] Gander B, Gurny R, Doelker E, Peppas NA. Auswirkung der polymeren Netzwerkstruktur auf die Wirkstofffreisetzung aus vernetzten Poly(vinylalkohol)-Mikromatrizen. *Pharm Res* **1989**;6:578-84.

[26] Lee JH, Bucknall DG. Quellverhalten und Netzwerkstruktur von Hydrogelen, die durch kontrollierte uv-initiierte radikalische Polymerisation hergestellt wurden. *J Polym Sci: Part B Polym Phys* **2008**;46:1450-62.

[27] Atta AM, Abdel-Azim AAA. Auswirkung der Vernetzerfunktionalität auf die Quellungs- und Netzwerkparameter von copolymeren Hydrogelen. *Polym Adv Technol* **1998**;9:340-8.

[28] Mahmudi N, Rendevski S. Strahlensynthese von AAM/DMAEMA/MBA-Hydrogelen zur Absorption von 2,4-D-Herbiziden. *BALWOIS 2010-Ohrid: Republik Mazedonien-25*, **2010**.

[29] Xue W, Huglin MB, Liao B. Network and thermodynamic properties of hydrogels of poly[1-(3-sulfopropyl)-2-vinyl-pyridinium-betaine]. *Eur Polym J* **2007**;43:4355-70.

[30] Yarimkaya S, Basan H. Synthesis and swelling behavior of acrylate-based hydrogels. *J Macromol Sci: Part A* **2007**;44:699-706.

[31] Grassi M, Grassi G. Mathematische Modellierung und kontrollierte Arzneimittelabgabe: Matrixsysteme. *Curr Drug Deliv* **2005**;2:97-116.

[32] Singh B, Sharma, V. Correlation study of structural-parameters of bioadhesive polymers in designing tunable drug delivery system. *Langmuir* **2014**;30:8580-91.

[33] Mukherjee K, Roy S, Giri TK. Wirkung von intragranulärem/extragranulärem Taragummi auf die nachhaltige gastrointestinale Wirkstoffabgabe aus semi-IPN-Hydrogelmatrizen. *Int J Biol Macromol* **2023**;253(5):127176.

[34] Raj Singh TR, McCarron PA, Woolfson AD, Donnelly RF. Untersuchung der Quellungs- und Netzwerkparameter von Poly(ethylenglykol)-vernetzten Poly(methylvinylether-co-maleinsäure)-Hydrogelen. *Eur Polym J* **2009**;45:1239-49.

[35] Rao KSVK, Ha CS. pH sensitive hydrogels based on acryl amides and their swelling and diffusion characteristics with drug delivery behavior. *Polym Bull* **2009**;62:167-81.

[36] Katime I, Diaz de Apodaca E; Acrylic acid/methyl methacrylate hydrogels. I. Effect of composition on mechanical and thermodynamic properties. *J Macromol Sci: Pure Appl Chem* **2000**;37:307-21.

[37] Lira LM, Martins KA, Cordoba de Torresi SI. Strukturelle Parameter von Polyacrylamid-Hydrogelen, ermittelt durch die Gleichgewichtsquelltheorie. *Eur Polym J* **2009**;45:1232-8.

[38] Singhal R, Tomar RS, Nagpal AK. Auswirkung von Vernetzer- und Initiatorkonzentration auf das Quellverhalten und die Netzwerkparameter von superabsorbierenden Hydrogelen auf Basis von Acrylamid und Acrylsäure. *Int J Plast Technol* **2009**;13:22-37.

Kapitel 2

Bestimmung des Molekulargewichts zwischen zwei Vernetzungen ($\overline{M_c}$) aus Quellungsstudien von Hydrogelen

Die Quellungseigenschaften bzw. das Flüssigkeits-/Wasseraufnahmevermögen von Polymergelen hängen stark von ihrem vernetzten 3D-Netzwerk [1] und dem Ausmaß der Wechselwirkungen zwischen den Segmenten der Polymerketten und den Lösungsmittelmolekülen ab [2]. Während des Quellungsprozesses nimmt der Lösungsmittelgehalt zusammen mit der Maschengröße der Polymerformulierung zu, was die Diffusion des eingekapselten Arzneimittels in die äußere Umgebung weiter erleichtert. Der Polymer-Volumenanteil ($\phi_{2,s}$) im gequollenen Zustand ist ein Maß für den Gehalt an Flüssigkeit/Lösungsmittel, der von den Netzwerk-Hydrogelen aufgenommen und zurückgehalten wird. Das Molekulargewicht ($\overline{M_c}$) zwischen zwei aufeinanderfolgenden Verbindungsstellen stellt den Vernetzungsgrad des Polymers dar. Diese aufeinanderfolgenden Verbindungsstellen können physikalisch/chemisch vernetzt, physikalisch verschränkt, kristalline Bereiche oder sogar Polymerkomplexe sein. Die Durchschnittswerte von $\overline{M_c}$ können aufgrund der Komplexbildung und der Zufälligkeit im Polymerisationsprozess [3] bewertet und theoretisch oder durch eine Reihe von experimentellen Techniken bestimmt werden. Eine der beliebtesten Techniken zur Berechnung von $\overline{M_c}$ ist jedoch die Untersuchung der Thermodynamik der Quellung von Polymeren in einem Lösungsmittel [4], die anhand der Schätzung von ΔG, d. h. der gesamten freien Energie des Gel-Netzwerks, bewertet wird.

2.1 Bestimmung der Komponenten der gesamten freien Energie im Inneren des Hydrogels (ΔG)

Die Quellungseigenschaften von Gelen können anhand von thermodynamischen statistischen Modellen bewertet werden. Wenn ein Polymernetzwerk mit Wasser in Kontakt kommt, dehnt es sich aus (quillt auf), da die makromolekularen Segmente mit den Wassermolekülen thermodynamisch günstig wechselwirken (Abbildung 1).

Die Eigenschaften des Lösungsmittels spielen eine entscheidende Rolle für die Lösungsmittelabsorption und das Quellungsprofil des polymeren Substrats. In einem guten Quellungslösungsmittel sind diese Wechselwirkungen abstoßend, in einem schlechten Lösungsmittel sind sie attraktiv. Beispielsweise zeigen Poly(ethylenglykol)- bzw. PEG-modifizierte Poly(acrylamid)- bzw. PAAm-Hydrogele eine höhere Quellung in destilliertem Wasser als in Dioxan [5]. Ungespannte Polymerketten führen zur Bildung kompakter Kügelchen, da sie bei der Interaktion mit einem schlechten Lösungsmittel kollabieren [6].

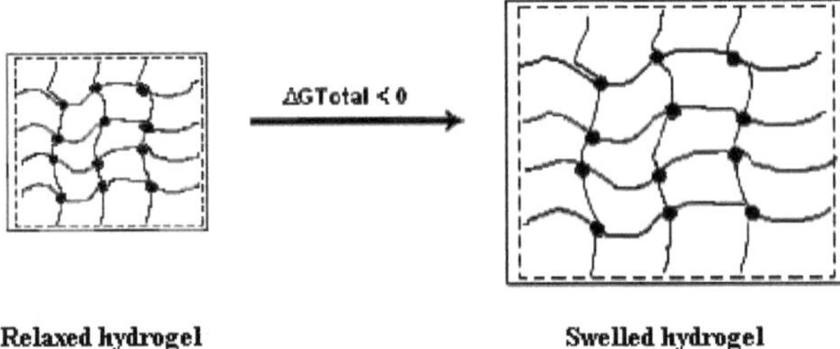

Abbildung 1: Spontane Quellung des Hydrogels bei Einlegen in ein geeignetes Lösungsmittel.

Der übliche Ansatz der meisten Modelle basiert auf der Flory-Rehner-Hypothese, die die Gleichgewichtsquellungseigenschaften von dreidimensionalen (3D) vernetzten Polymernetzwerken beschreibt. Die Hauptannahme war, dass sich die gegensätzlichen elastischen Kräfte der vernetzten Polymerketten und die thermodynamische Kompatibilität des Polymers mit den interagierenden Lösungsmittelmolekülen während des

Quellungsphänomens gegenseitig ausgleichen. Diese Hypothese ist gültig, wenn die Hydrogele neutral sind, ihre Quellung isotrop ist, tetrafunktionelle Vernetzungen im Nullvolumen vorhanden sind, vier Polymerketten an einem Punkt gekoppelt sind und diese Ketten im festen Zustand vernetzt sind [7,8]. Die freie Gibbs-Energie des Mischens eines nichtionischen Systems (ΔG) ergibt sich aus unabhängigen Mischungs- (ΔG_{mix}) und elastischen (ΔG_{el}) Beiträgen [9].

Hier ist die gesamte Änderung der freien Energie des gequollenen Gels (ΔG), die während der Vermischung des Lösungsmittels mit dem amorphen, nicht gespannten (d. h. isotropen) nichtionischen Polymernetzwerk auftritt, eine Kombination aus der freien Energie der Vermischung (ΔG_{mix}) und der freien Energie des elastischen Beitrags (ΔG_{el}) [10-12].

Die gesamte freie Gibbs-Energie des gequollenen Hydrogels wird in Gleichung (1) angegeben.

$\Delta G = \Delta G_{mix} + \Delta Gel$ (1)

Für ionische Polymernetzwerke beinhaltet Gleichung (1) den ionischen Beitrag zur gesamten freien Energie (ΔG_{ion}) des gequollenen Hydrogels und wird zu: $\Delta G = \Delta G_{mix} + \Delta G_{el} + \Delta G_{ion}$ [13]. Um Komplikationen bei der Ableitung der verschiedenen Netzwerkparameter zu vermeiden, wurde nur der Fall eines nicht-ionischen Polymers betrachtet.

Bei der Untersuchung der Quellung von Polymeren ist das ΔG_{mix} das Ergebnis der spontanen Vermischung des Lösungsmittels mit den Polymerketten, , was die Ausdehnung des Netzwerks erleichtert, und das ΔG_{el} ist die im Gel entwickelte elastische Kraft, die der Quellung widersteht und sich aus der Elastizität des Netzwerks ergibt (Abbildung 1) [9]. Der Wert von ΔG_{mix} hängt von der lokalen Polymerkonzentration und der gegenseitigen Wechselwirkung von Polymer-Lösungsmittel und Lösungsmittel ab, und ΔG_{el} ist abhängig vom Ausmaß der Vernetzung [14].

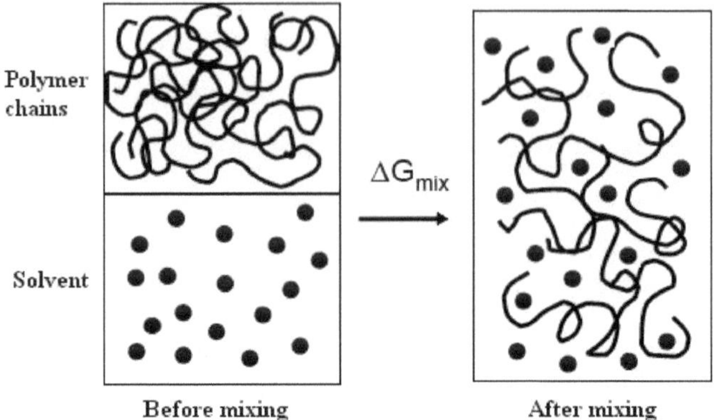

Abbildung 2: Spontane Vermischung von Polymerketten und Lösungsmittelmolekülen.

2.1.1 Ableitung von ΔG_{mix}

Das thermodynamische Bild einer einfachen Polymer-Lösungsmittel-Mischung ist in Abbildung 2 dargestellt. Die freie Energie der Polymer-Lösungsmittel-Mischung ist durch Gleichung (2) gegeben.

$\Delta G_{mix} = G_{mix} - G_{unmixed}$ oder $\Delta G_{mix} = \Delta H_{mix} - T\Delta S_{mix}$ (2)

wobei ΔH_{mix} die Änderung der Enthalpie beim Mischen von Polymer und Lösungsmittel und ΔS_{mix} die entsprechende Änderung der Entropie beim Mischen ist.

2.1.1.1 Ausdruck für ΔH_{mix}

Wenn ein polymerer gelöster Stoff zu einem Lösungsmittel hinzugefügt wird, ist die Änderung der Enthalpie beim Mischen darauf zurückzuführen, dass Wechselwirkungen zwischen Lösungsmittel und Lösungsmittel (1,1) und zwischen Lösungsmittel und gelöstem Stoff (2,2) durch Wechselwirkungen zwischen Lösungsmittel und gelöstem Stoff (1,2) ersetzt werden (Abbildungen 3 und 4).

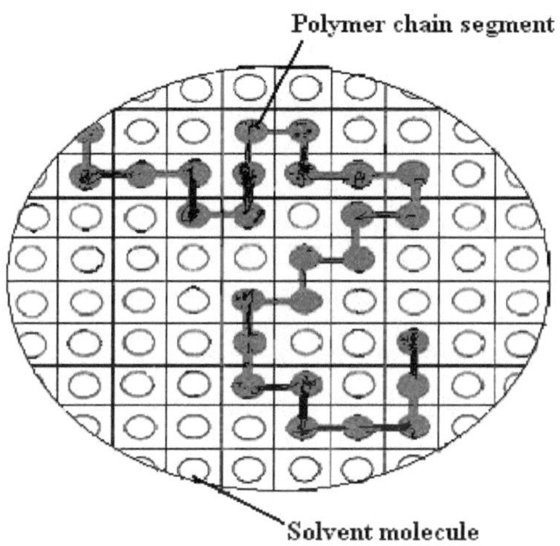

Abbildung 3: Segmente eines Kettenpolymermoleküls, das sich im Flüssigkeitsgitter befindet.

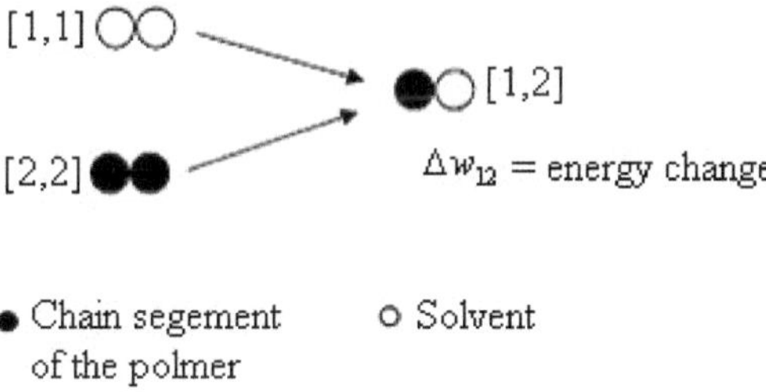

Abbildung 4: Die Energieänderung, die mit der Bildung eines Lösungsmittel-Lösungsmittel-Kontakts verbunden ist.

Solche Wechselwirkungen können in der Gittertheorie durch die Art und Anzahl der nächsten Nachbarn im Gitter zugeordnet werden. Eine Wechselwirkung zwischen den nächsten Nachbarn kann als Gitterkontakt definiert werden, so dass es drei Arten solcher Kontakte gibt, nämlich (1,1), (2,2) bzw. (1,2). Der Auflösungsprozess kann dann in Form von Änderungen dieser Kontakte beschrieben werden (Abbildung 4), z. B. wird die Bildung eines Lösungsmittel-Lösungsmittel-Kontakts als

$\frac{1}{2}[1,1]+\frac{1}{2}[2,2]\rightarrow[1,2]$ dargestellt.

Die Energieänderung (Δw_{12}), die mit der Bildung eines Lösungsmittel-Lösungsmittel-Kontakts (1,2) verbunden ist, wird durch Gleichung (3a) dargestellt:

$$\Delta w_{12} = w_{1,2} - \frac{1}{2}\left(w_{1,1} + w_{2,2}\right) \quad (3a)$$

Wenn nun $P_{1,2}$ die durchschnittliche Anzahl der (1,2)-Kontakte in der gesamten Gitterkonfiguration ist, dann ist die Mischungsenthalpie von Lösungsmittel und gelöstem Stoff $\Delta H_{mix} = \Delta w_{12} P_{12}$ pro gelöstem Teilchen.

Um den Durchschnittswert von $P_{1,2}$ in einer Lösung mit gegebener Zusammensetzung zu bestimmen, wird angenommen, dass die Wahrscheinlichkeit, dass eine bestimmte Stelle neben einem Polymersegment von einem Lösungsmittelmolekül besetzt ist, ungefähr gleich dem Volumenanteil $\phi_{1,s}$ des Lösungsmittels in der Polymerlösung ist. Die Gesamtzahl aller verschiedenen Arten von Kontakten jedes (x-2) internen Polymersegments ist (z-2), während jedes der beiden Endsegmente (z-1) solcher Kontakte aufweist. Die Gesamtzahl der 1,2-Kontakte für jedes Polymermolekül wird dann in Gleichung (3b) angegeben.

$$P_{1,2} = [(x-2)(z-2) + 2(z-1)]\phi_{1,s} \quad (3b)$$

Wobei z = nächste Nachbarn ist, d.h. die Gesamtzahl der Kontakte zwischen einem Polymermolekül und allen seinen Nachbarn pro Ketteneinheit und auch als Gitterkoordinationszahl bezeichnet wird, und x = ein Segment des Polymermoleküls ist, das den gleichen Raum wie ein Lösungsmittelmolekül benötigt, d.h. Polymer-Kettenfraktionen und verwandte Lösungsmittelmoleküle sind gemäß dem Lösungsgittermodell austauschbar [15]. Für große Werte von "z" können $P_{1,2} \approx zx\phi_{1,s}$ und die Mischungsenthalpie von n_2 Polymermolekülen mit n_1 Lösungsmittelmolekülen wie folgt ausgedrückt werden (Gleichung 4):

$$\Delta H_{mix} = zxn_2\phi_{1,s}\Delta w_{12} \quad (4)$$

Aus der Definition des Volumenanteils $\phi_{1,s}$ und $\phi_{2,s}$ lässt sich nun leicht zeigen, dass $xn_2\phi_{1,s} = n_1\phi_{2,s}$. Auf molarer Basis ergibt sich dann die Ethalpie des Mischens (pro Mol) aus Gleichung (5).

$$\Delta H_{mix} = zn_1\phi_{2,s}\Delta w_{12}N_A \text{ oder } \Delta H_{mix} = z\Delta W_{12}n_1\phi_{2,s} \quad (5)$$

wobei N_A = Avogadro-Zahl und $\Delta W_{12} = \Delta w_{12}N_A$ ist.

Es ist zweckmäßig, die Wechselwirkungsenergie pro Mol Lösungsmittel, d.h. $z\Delta W_{12}$, durch einen dimensionslosen Wechselwirkungsparameter (χ_1), multipliziert mit kT, zu beschreiben [16]. χ_1 ist ein Wechselwirkungsparameter zwischen Polymer und Lösungsmittel und hängt sowohl von der Temperatur als auch von der Konzentration der Polymerlösung ab. Es handelt sich um einen Faktor der freien Energie, der als Mischbarkeitskriterium für ein Polymer-Lösungsmittel-Paar dient [17]. Definiert man also $z\Delta W_{12} = \chi_1$ kT, so ergibt sich die Mischungsenthalpie (Gleichung 6):

$$\Delta H_{mix} = kT\chi_1 n_1\phi_{2,s} \quad (6)$$

mit dem Polymer-Wasser-Wechselwirkungsparameter $\chi_1 = \frac{z\Delta W_{12}}{kT}$ [28].

In hydrophilen Gel-Netzwerken stellt der Polymer-Wasser-Wechselwirkungsparameter (χ_1) den Grad der thermodynamischen Kompatibilität dar und wird als die Energieänderung (in Einheiten von kT) beschrieben, die auftritt, wenn ein Mol Lösungsmittelmoleküle aus dem reinen Lösungsmittel (bei $\phi_{2,s}$ = 0) in eine unendliche Menge reines Polymer (bei $\phi_{2,s}$ = 1) eintritt. Aufgrund des approximativen Charakters der Gittertheorie hängt χ_1 sowohl von der Konzentration als auch von der Temperatur der betrachteten Lösung ab und nimmt mit zunehmender Wechselwirkung zwischen Polymer und Lösungsmittel ab [18]. Das bedeutet, dass höhere χ_1 Werte auf eine schwächere Wechselwirkung zwischen Polymer und Wasser hinweisen und die Wechselwirkung zwischen hydrophoben Gruppen stärker ist [19-21]. Positive (+ve) Werte des Flory-Huggins-Parameters (χ_1) stehen für die Abstoßung zwischen den interagierenden Einheiten, während negative (-ve) Werte mit der gegenseitigen Anziehung dieser Einheiten korrelieren. Die Werte von χ_1 stehen in umgekehrter Beziehung zur Temperatur des betrachteten Systems [22]. χ_1 ist im Allgemeinen positiv, was bedeutet, dass die Auflösung eines gelösten Polymers in einem Lösungsmittel meist ein endothermer Prozess ist.

2.1.1.2 Ausdruck für ΔS_{mix}

Nach den statistischen Näherungen von Boltzmann ist die Entropie des Systems durch Gleichung (7) gegeben:

$S = k \ln\Omega$ (7)

wobei k = Boltzmann-Konstante ($1{,}38\times10^{-23}$ J/K) und Ω = Anzahl der unterscheidbaren Anordnungen des Systems, d. h. Anzahl der Möglichkeiten zur Besetzung des Gitters. Hier wird das Gittermodell der Lösung angenommen, bei dem n_A Polymermoleküle in dem in Abbildung 5 dargestellten Lösungsmittelgitter verteilt sind.

Die Gesamtzahl der Moleküle im System ist $n = n_A + n_B$ und die möglichen Konfigurationen sind in Gleichung (8) dargestellt.

$$\Omega = \frac{n!}{n_A! \times n_B!} \qquad (8)$$

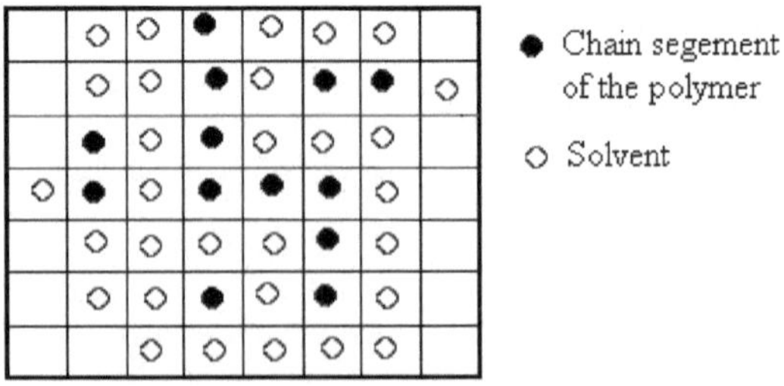

● Chain segement of the polymer

○ Solvent

Abbildung 5: Gittermodell der Vermischung von polymeren gelösten Stoffen in einem Lösungsmittel.

Durch Anwendung der Stirlingschen Näherung, d. h. $\ln N! \cong N \ln N - N$, kann Gleichung (7) wie folgt vereinfacht werden;

$$S = k \ln\left(\frac{n!}{n_A! \times n_B!}\right) \text{oder}\, S = -k[n_A \ln X_A + n_B \ln X_B] \quad (9)$$

wobei X_A und X_B die Molanteile von A bzw. B sind.

Die Entropie der Vermischung, d. h. ΔS_{mix} , kann also wie folgt ausgedrückt werden;

$\Delta S_{mix} = S_{mix} - S_{unmixed}$

$$\Delta S_{mix} = k \ln\left(\frac{\Omega_{mixed}}{\Omega_{unmixed}}\right)$$

Für eine Polymerlösung muss man den Volumenanteil (ϕ) anstelle des Molanteils (X) verwenden. So erhält man den folgenden Ausdruck für ΔS_{mix} [23] (Gleichung 10).

$$\Delta S_{mix} = -k[n_1 \ln \phi_{1,s} + n_2 \ln \phi_{2,s}] \qquad (10)$$

wobei n_1 und n_2 die Anzahl der Moleküle des Lösungsmittels bzw. des Polymers und $\phi_{1,s}$ und $\phi_{2,s}$ die jeweiligen Volumenanteile sind, die wie folgt definiert werden können;

$$\phi_{1,s} = \frac{n_1}{n_1 + xn_2} \text{ und } \phi_{2,s} = \frac{xn_2}{n_1 + xn_2} ,$$

wobei $x = / v_{m,2}\ v_{m,1}$ und $v_{m,1}$ und $v_{m,2}$ das Molvolumen des Polymers bzw. des Lösungsmittels sind. Für Gel ist $n_2 \approx 0$, da es keine freien Polymerketten gibt [15] und Gleichung (10) reduziert sich zu;

$$\Delta S_{mix}^{Gel} \approx -kn_1 \ln \phi_{1,s}$$

Die gesamte freie Energie der Vermischung (ΔG_{mix}) des gelösten Polymers mit dem Lösungsmittel ist in Gleichung 11 dargestellt. Unter Verwendung von Gleichung (2) ergibt sich

$$\Delta G_{mix} = \Delta H_{mix} - T\Delta S_{mix}$$
$$\Delta G_{mix} = kT\chi_1 n_1 \phi_{2,s} - T\{-k(n_1 \ln \phi_{1,s} + n_2 \ln \phi_{2,s})\}$$
$$\Delta G_{mix} = kT(n_1\chi_1\phi_{2,s} + n_1 \ln \phi_{1,s} + n_2 \ln \phi_{2,s}) \qquad (11)$$

Im Allgemeinen ist $\Delta G_{mix} < 0$, d. h. negativ für die Auflösung von Polymeren in Lösungsmitteln. Wenn ein Polymer mit Lösungsmittel gemischt wird, sind $\phi_{1,s}$ und $\phi_{2,s}$ immer kleiner als 1, $\ln \phi_{1,s}$ und $\ln \phi_{2,s}$ haben einen negativen Wert und dieser Wert gleicht sich mit $n_1\chi_1\phi_{2,s}$ aus. Wenn $n_1\chi_1\phi_{2,s} > n_1 \ln \phi_{1,s} + n_2 \ln \phi_{2,s}$ ist, löst sich das Polymer nicht in diesem Lösungsmittel auf. Wenn die Temperatur erhöht wird, nimmt χ_1 ab, d. h. $n_1\chi_1\phi_{2,s} < n_1 \ln \phi_{1,s} + n_2 \ln \phi_{2,s}$, und die Auflösung wird thermodynamisch günstiger.

2.1.2 Ableitung von ΔG_{el}

Der elastische Beitrag zur freien Energie des Hydrogels, der der Quellung widersteht, wird durch Gleichung (12) angegeben.

$$\Delta G_{el} = \Delta H_{el} - T\Delta S_{el} \qquad (12)$$

In Analogie zur Verformung von Gummi muss der Verformungsprozess aufgrund der Quellung ohne nennenswerte Änderung der inneren Energie der Gel-Netzwerkstruktur erfolgen, d. h. ΔH_{el} = 0, kein Enthalpiebeitrag [15]. Somit hat der elastische Beitrag zur freien Energie des Hydrogels folgenden Ausdruck, der in Gleichung (13) dargestellt ist.

$$\Delta G_{el} = -T\Delta S_{el} \qquad (13)$$

2.1.2.1 Ausdruck für die entropische Rückzugskraft (ΔS_{el}), die die Quellung zurückhält

Betrachten wir ein spannungsfreies Polymernetzwerk mit N-Bindungen in Vernetzungen fester Länge "l" mit zufälliger Ausrichtung, wobei ' $\vec{\Gamma}$ '= Abstand zwischen den Enden (Abbildung 6a), auch "Gaußsche Verteilungsfunktion für den Abstand zwischen den Enden" genannt. Wenn dieses entspannte Polymernetzwerk mit Wasser in

Berührung kommt, quillt es auf und wird zu einem gespannten und belasteten System (Abbildung 6b). Wenn das Polymer durch die Aufnahme von Wasser quillt, werden die Ketten zwischen den Knotenpunkten des Netzwerks gedehnt und es entwickelt sich eine elastische Rückzugskraft, die dem Fortschreiten der Quellung entgegenwirkt.

Während der Quellung dehnt sich das Polymer in alle Richtungen aus. Mit dem Expansionsfaktor "α" werden die Abmessungen des gequollenen Gels zu αx, αy und αz, die x, y und z im entspannten Zustand vor der Quellung entsprechen (Abbildung 7). Dieses gespannte und gedehnte Stadium des gequollenen Polymers ist für den elastischen Widerstand beim Quellen verantwortlich.

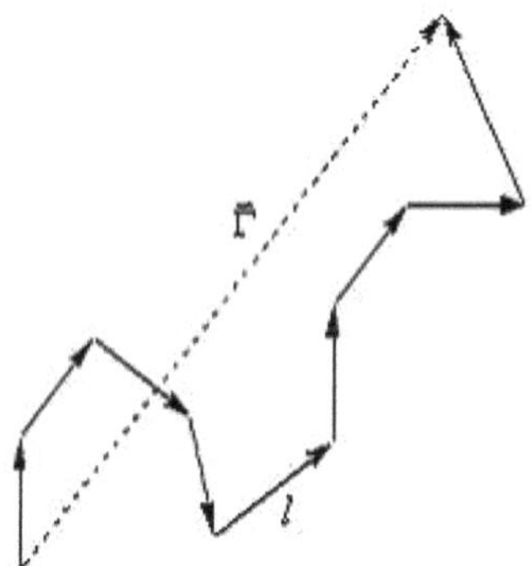

Abbildung 6a: Gauß'sche Verteilungsfunktion ($\vec{r}$) für die Entfernung von einem Ende zum anderen.

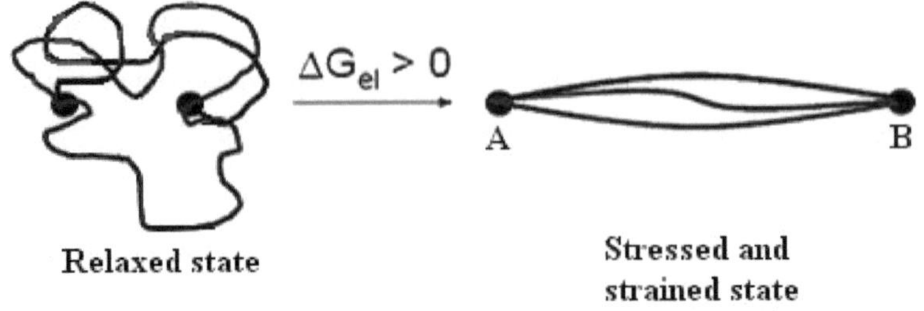

Abbildung 6b: Gespannter und gedehnter Zustand der Polymerketten bei der Quellung.

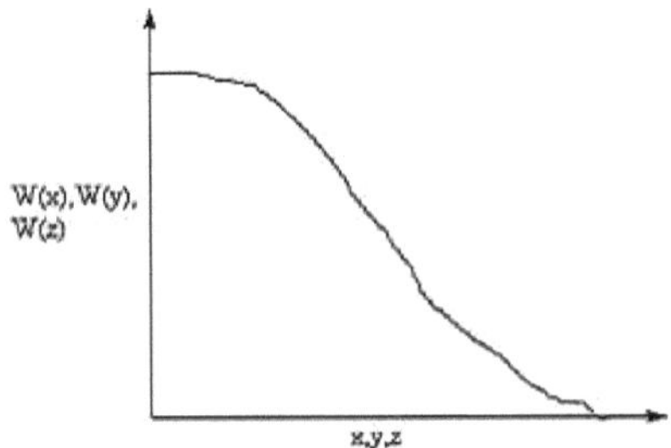

Abbildung 7: Wahrscheinlichkeit der x-, y- und z-Komponente auf $\vec{r}$.

Wenn W(x), W(y), W(z) die Wahrscheinlichkeiten der x-, y- und z-Komponenten (Abbildung 8) auf $\vec{r}$ sind, dann können wir die Wahrscheinlichkeit in einer Richtung definieren als W(x) = $e^{-\beta^2 x^2}$, wobei $\beta = \sqrt{3/2}\,\frac{1}{N^{1/2} l}$.

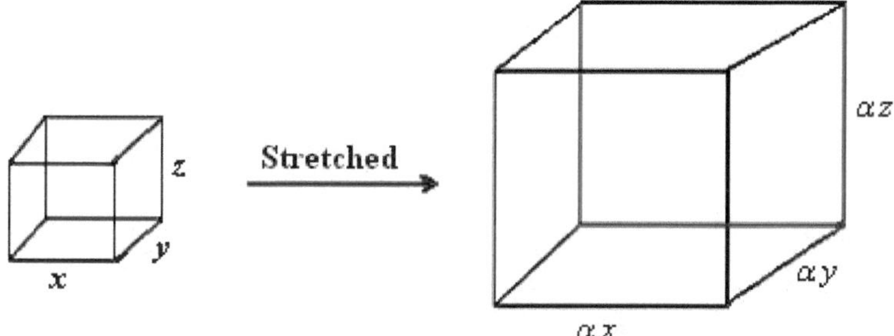

Abbildung 8: Dehnungsverhältnis "α" (d. h. Expansionsfaktor) des Polymers in jeder Richtung.

Nun können W(x), W(y), W(z) direkt mit Ω, d.h. der Anzahl der möglichen Konfigurationen im System, in Beziehung gesetzt werden. Die einzelnen Ketten müssen die gleiche Verformung erfahren und wir haben folgende Bedingung für die Schwellung:

(Wahrscheinlichkeit, dass eine Kette mit = (Wahrscheinlichkeit, dass eine Kette mit

$\vec{r}$ (αx,αy,αz) nach der Schwellung) $\vec{r}$ (x,y,z) vor der Schwellung)

Nun wird $\Omega = \Omega_1\Omega_2$ als ein Produkt aller möglichen Wahrscheinlichkeiten für jede mögliche $\vec{r}$ ausgewertet. Nach Flory [15] ergibt sich folgender Ausdruck für den Beitrag des Lösungsmittels und des gelösten Stoffes zur Gesamtwahrscheinlichkeit.

$\Omega_1 = \nu!\prod\left(\frac{w_i^{\nu_i}}{\nu_i!}\right)$ und $\Omega_2 = (\nu-1)(\nu-3)..........(1)\left(\frac{\partial V}{V}\right)^{\nu/2}$ oder

$$\Omega_2 = (\nu/2)!\left(2\frac{\partial V}{V}\right)^{\nu/2}$$

Dabei ist w_i = Wahrscheinlichkeit, dass die Komponenten x_i , y_i und z_i in den Bereichen Δx, Δy und Δz liegen.

ν_i = richtige Kettenverteilung.

ν = Anzahl der Ketten.

Wenn wir nun den Logarithmus nehmen und die Vereinfachung von Flory [15] anwenden, ergibt sich Folgendes:

$$\ln \Omega_1 = -\nu \left[\frac{(\alpha_x^2 + \alpha_y^2 + \alpha_z^2 - 3)}{2} - \ln \alpha_x \alpha_y \alpha_z \right] \qquad (14a)$$

$$\ln \Omega_2 = -\nu / 2 \ln(\alpha_x \alpha_y \alpha_z) + \text{constant} \qquad (14b)$$

wobei die Konstante $= \ln(\nu/2)! + -\nu/2 \ln \delta V - (\nu/2) \ln {}^{V_\circ}\!/_{2}$ ist.

Der Boltzmann-Ausdruck für die Bildungsentropie des deformierten Netzwerks kann nun durch folgenden Ausdruck gegeben werden:

$S = k \ln\Omega = k \ln\Omega_1 + k \ln \Omega_2$

Unter Verwendung der Gleichungen (14a) und (14b) und durch Vereinfachung ergibt sich Gleichung (15) [24]:

$$S = \text{constant} - \left(\frac{k\nu_e}{2} \right) \left[\alpha_x^2 + \alpha_y^2 + \alpha_z^2 - 3 - \ln(\alpha_x \alpha_y \alpha_z) \right] \qquad (15)$$

wobei wir ν durch ν_e ersetzen, d.h. durch die effektive Anzahl der Ketten. Die Erhöhung der Entropie ergibt sich aus dem zusätzlichen Volumen des Polymers, in dem sich das Lösungsmittel ausbreiten kann. Die Entropieänderung (ΔS_{el}), die [24] mit der Verformung einhergeht, erhält man, indem man von Gleichung (13) den Wert von "S" für $\alpha_x = \alpha_y = \alpha_z = 1$ subtrahiert, wir haben:

$$\Delta S_{el} = -\left(\frac{k\nu_e}{2} \right) \left[\alpha_x^2 + \alpha_y^2 + \alpha_z^2 - 3 - \ln(\alpha_x \alpha_y \alpha_z) \right] \qquad (16)$$

Im Falle einer isotropen Quellung des Gels haben wir $\alpha_x = \alpha_y = \alpha_z = \alpha$(say), dann wird Gleichung (16):

$$\Delta S_{el} = \frac{-3}{2} k\nu_e \left[\alpha^2 - 1 - \ln \alpha \right] \qquad (17)$$

Setzt man nun den Wert von ΔS_{el} aus Gleichung (17) in Gleichung (13) ein, so erhält man;

$$\Delta G_{el} = \frac{3}{2} kT\nu_e \left[\alpha^2 - 1 - \ln \alpha \right] \qquad (18)$$

Unter Verwendung der Gleichungen (1), (11) und (18) kann daher die gesamte freie Gibbs-Energie im Inneren des gequollenen Hydrogels mit Gleichung (19) angegeben werden:

$$\Delta G = kT(n_1 \chi_1 \phi_{2,s} + n_1 \ln \phi_{1,s} + n_2 \ln \phi_{2,s}) + \frac{3}{2} kT \nu_e \left[\alpha^2 - 1 - \ln \alpha\right] \quad (19)$$

2.2 Kombination der Komponenten des ΔG zur Bestimmung des $\overline{M}_c$ Wertes

Im Gleichgewichtsquellungszustand erhöht die Elastizität des Polymers das chemische Potenzial des Lösungsmittels in der Polymerlösung, so dass es dem überschüssigen Lösungsmittel in der Nähe des gequollenen Gels entspricht. Das Flory-Rehner-Modell beschreibt das Gleichgewichtsquellverhältnis (Q) von vernetzten Polymeren auf der Grundlage des Postulats, dass sich die elastischen Rückzugskräfte der Polymerketten und die thermodynamische Kompatibilität des Polymers mit den Lösungsmittelmolekülen während der Quellung die Waage halten [7]. Für ein geschlossenes System bei konstanter Temperatur (T) und P/V (Druck über Volumen) ist die freie Energie minimiert und das System befindet sich im Gleichgewicht, wenn das chemische Potenzial des Wassers innerhalb und außerhalb des Gels gleich ist [41], d.h. $\mu_1^o = \mu_1$, wobei μ_1^o und μ_1 das chemische Potenzial des Wassers im reinen Zustand bzw. im Gel sind. Wenn das Quellungsgleichgewicht erreicht ist, ergibt sich folgende Beziehung [25].

$\mu_1 - \mu_1^o = 0$ oder

$$\Delta\mu = \Delta\mu_{mix} + \Delta\mu_{el} = 0 \quad (20)$$

Das chemische Potenzial (μ_i) beschreibt, wie sich die Gibbs'sche freie Energie pro Mol der Komponente "i" ändert, wenn T, P und $n_i \neq I$ konstant gehalten werden, und kann als partielle molare freie Energie definiert werden als $\mu_i = \left(\frac{\partial G}{\partial n_i}\right)_{T,P,n_x}$.

$$\therefore \Delta\mu_{mix} = \left[\frac{\partial(\Delta G_{mix})}{\partial n_1}\right]_{T,P,n_2} \quad \& \quad \Delta\mu_{el} = \left(\frac{\partial(\Delta G_{el})}{\partial n_1}\right)_{T,P,n_2}$$

Jetzt $\Delta\mu_{mix} = \left[\frac{\partial(\Delta G_{mix})}{\partial n_1}\right]_{T,P,n_2}$

$$= \frac{\partial}{\partial n_1}\left[kT(n_1 \ln\phi_{1,s} + n_2 \ln\phi_{2,s} + n_1\chi_1\phi_{2,s})\right]$$

$$= kT\left[\ln\phi_{1,s} + \frac{n_1}{\phi_{1,s}} \times \frac{\partial\phi_{1,s}}{\partial n_1} + \frac{n_2}{\phi_{2,s}} \times \frac{\partial\phi_{2,s}}{\partial n_1} + \chi_1\phi_{2,s} + n_1\chi_1\frac{\partial\phi_{2,s}}{\partial n_1}\right]$$

Setzt man $\phi_{1,s} = \frac{n_1}{n_1 + xn_2}$ und $\phi_{2,s} = \frac{xn_2}{n_1 + xn_2}$ in die obige Gleichung ein, ergibt sich Folgendes:

$$\Delta\mu_{mix} = kT\left[\ln\phi_{1,s} + \frac{n_1}{\phi_{1,s}}\left(\frac{xn_2}{(n_1 + xn_2)^2}\right) + \frac{n_2}{\phi_{2,s}}\left(\frac{-xn_2}{(n_1 + xn_2)^2}\right) + \chi_1\phi_{2,s} - \chi_1 n_1 \cdot \frac{xn_2}{(n_1 + xn_2)^2}\right]$$

Durch Vereinfachung erhalten wir:

$$\Delta\mu_{mix} = kT\left[\ln\phi_{1,s} + \phi_{2,s} - \frac{1}{x}\phi_{2,s} + \chi_1\phi_{2,s}(1 - \phi_{1,s})\right] \text{ oder}$$

$$\Delta\mu_{mix} = kT\left[\ln\phi_{1,s} + \left(1 - \frac{1}{x}\right)\phi_{2,s} + \chi_1\phi_{2,s}^2\right] \quad \because \phi_{1,s} + \phi_{2,s} = 1 \qquad (21)$$

Für ein Polymer mit unendlichem Molekulargewicht haben wir $x = \infty$, Gleichung (20) wird wie folgt vereinfacht [25]:

$$\Delta\mu_{mix} = kT\left[\ln(1 - \phi_{2,s}) + \phi_{2,s} + \chi_1\phi_{2,s}^2\right] \qquad (22)$$

$$\text{Jetzt } \Delta\mu_{el} = \left[\frac{\partial(\Delta G_{el})}{\partial n_1}\right]_{T,P,n_2} = \left(\frac{\partial(\Delta G_{el})}{\partial\alpha}\right)_{T,P,n_2}\left(\frac{\partial\alpha}{\partial n_1}\right)_{T,P,n_2} \qquad (23)$$

Hier $\alpha^3 = \frac{V_s}{V_r} = \frac{1}{\phi_{2,s}} = \frac{\left(V_r + \frac{n_1 v_{m,1}}{N_{AV}}\right)}{V_r}$, wobei V_r und V_s das Volumen des entspannten und des gequollenen Gels, $v_{m,1}$ das molare Volumen des Lösungsmittels und N_{AV} die Avogadrosche Zahl sind. Daraus ergibt sich

$$\alpha^3 = \frac{\left(V_r + \frac{n_1 v_{m,1}}{N_{AV}}\right)}{V_r} = 1 + \frac{n_1}{N_{AV}}\left(\frac{v_{m,1}}{V_r}\right)$$ und die partielle Ableitung beider Seiten

bei konstantem T, P und n_2 ergibt sich:

$$\left(\frac{\partial \alpha^3}{\partial n_1}\right)_{T,P,n_2} = \frac{\partial}{\partial n_1}\left[1 + \frac{n_1}{N_{AV}}\left(\frac{v_{m,1}}{V_r}\right)\right]$$

$$3\alpha^2\left(\frac{\partial \alpha}{\partial n_1}\right)_{T,P,n_2} = \frac{v_{m,1}}{N_{AV} V_r}$$

$$\left(\frac{\partial \alpha}{\partial n_1}\right)_{T,P,n_2} = \frac{v_{m,1}}{3\alpha^2 N_{AV} V_r} \qquad (24)$$

Auch $\left(\frac{\partial(\Delta G_{el})}{\partial \alpha}\right)_{T,P,n_2} = \frac{\partial}{\partial \alpha}\left[\frac{3}{2}kT\,\nu_e(\alpha^2 - 1 - \ln\alpha)\right] = \frac{3}{2}kT\,\nu_e\left(2\alpha - \frac{1}{\alpha}\right)$ (25)

Unter Verwendung der Gleichungen (23), (24) und (25) ergibt sich:

$$\Delta\mu_{el} = \frac{3}{2}kT\,\nu_e\left(2\alpha - \frac{1}{\alpha}\right) \times \frac{v_{m,1}}{3\alpha^2 N_{AV} V_r}$$ oder

$$\Delta\mu_{el} = \frac{3}{2}\frac{kT}{N_{AV}}\left(\frac{\nu_e}{V_r}\right) v_{m,1}\left(\frac{2}{3\alpha} - \frac{1}{3\alpha^3}\right)$$, sondern $\alpha^3 = \frac{1}{\phi_{2,s}}$ or $\alpha = \left(\frac{1}{\phi_{2,s}}\right)^{\frac{1}{3}}$ [21],

also haben wir:

$$\Delta\mu_{el} = \frac{3}{2}\frac{kT}{N_{AV}}\left(\frac{\nu_e}{V_r}\right) v_{m,1}\left(\frac{2}{3}\phi_{2,s}^{\frac{1}{3}} - \frac{1}{3}\phi_{2,s}\right) = kT\left(\frac{\nu_e}{V_r}\right)\frac{v_{m,1}}{N_{AV}}\left(\phi_{2,s}^{\frac{1}{3}} - \frac{\phi_{2,s}}{2}\right) \qquad (26)$$

Unter Gleichgewichtsbedingungen haben wir nun $\Delta\mu_{mix} + \Delta\mu_{el} = 0$, d. h.

$$kT\left[\ln(1-\phi_{2,s}) + \phi_{2,s} + \chi_1\phi_{2,s}^2\right] + kT\left(\frac{\nu_e}{V_r}\right)\frac{v_{m,1}}{N_{AV}}\left(\phi_{2,s}^{\frac{1}{3}} - \frac{\phi_{2,s}}{2}\right) = 0$$ oder

$$-kT\left[\ln(1-\phi_{2,s}) + \phi_{2,s} + \chi_1\phi_{2,s}^2\right] = kT\left(\frac{\nu_e}{V_r}\right)\frac{v_{m,1}}{N_{AV}}\left(\phi_{2,s}^{\frac{1}{3}} - \frac{\phi_{2,s}}{2}\right)$$ oder

$$-\left[\ln(1-\phi_{2,s}) + \phi_{2,s} + \chi_1\phi_{2,s}^2\right] = \left(\frac{\nu_e}{V_r}\right)\frac{v_{m,1}}{N_{AV}}\left(\phi_{2,s}^{\frac{1}{3}} - \frac{\phi_{2,s}}{2}\right) \qquad (27)$$

Nun wissen wir, dass der Ausdruck für die effektive Anzahl der Ketten im Netz (ν_e) lautet

$\nu_e = \nu\left(1-\frac{2\overline{M}_c}{M_n}\right)$ [15], wobei $\overline{M}_c$ = Molekulargewicht zwischen den Vernetzungen, M_n = durchschnittliches Molekulargewicht des unvernetzten Polymers und ν = Anzahl der vernetzten Einheiten, d.h. $\nu = \frac{V_r N_{AV}}{v_{sp,2}\overline{M}_c}$, wobei $v_{sp,2}$ das spezifische Volumen des Polymers ist.

$$\therefore\ \nu_e = \frac{V_r N_{AV}}{v_{sp,2}\overline{M}_c}\left(1-\frac{2\overline{M}_c}{M_n}\right) \text{ oder} \left(\frac{\nu_e}{V_r N_{AV}}\right) = \frac{1}{v_{sp,2}}\left(\frac{1}{\overline{M}_c}-\frac{2}{M_n}\right) \quad (28)$$

Unter Verwendung von Gleichung (28) kann Gleichung (27) wie folgt geschrieben werden:

$$-\left[\ln(1-\phi_{2,s})+\phi_{2,s}+\chi_1\phi_{2,s}^2\right] = \frac{v_{m,1}}{v_{sp,2}}\left(\frac{1}{\overline{M}_c}-\frac{2}{M_n}\right)\left(\phi_{2,s}^{\frac{1}{3}}-\frac{\phi_{2,s}}{2}\right) \quad \text{oder}$$

$$\frac{1}{\overline{M}_c} = \frac{2}{M_n} - \frac{\left(\frac{v_{sp,2}}{v_{m,1}}\right)\left[\ln(1-\phi_{2,s})+\phi_{2,s}+\chi_1\phi_{2,s}^2\right]}{\left(\phi_{2,s}^{\frac{1}{3}}-\frac{\phi_{2,s}}{2}\right)} \quad (29)$$

Die Gleichung (29) ist als Flory-Rehner-Gleichung bekannt [7,10,26]. Die hier dargestellte Behandlung wurde für ein Netzwerk entwickelt, bei dem die Enden der Ketten tetrafunktionell, d. h. durch herkömmliche Vernetzung, miteinander verbunden sind. Für ein Netzwerk, in dem die Verbindungsstellen f-funktionell sind, muss $\frac{\phi_{2,s}}{2}$ durch $\frac{2\phi_{2,s}}{f}$ ersetzt werden, wobei "f" die Funktionalität des Vernetzungsmittels ist; so erhält man folgende Gleichung für ein nicht ionisiertes Hydrogel [25]:

$$\frac{1}{\overline{M}_c} = \frac{2}{M_n} - \frac{\left(\frac{v_{sp,2}}{v_{m,1}}\right)\left[\ln(1-\phi_{2,s})+\phi_{2,s}+\chi_1\phi_{2,s}^2\right]}{\left(\phi_{2,s}^{\frac{1}{3}}-\frac{2\phi_{2,s}}{f}\right)} \quad (30)$$

Wenn das durchschnittliche Molekulargewicht des nicht gekreuzten Polymers unendlich ist, d. h. $M_n = \infty$ und $\overline{M_c} \geq 1000$, dann haben wir $\frac{2}{M_n} = 0$ und $\phi_{2,s}^{\frac{1}{3}} - \frac{\phi_{2,s}}{2} \approx \phi_{2,s}^{\frac{1}{3}}$ Gleichung (29) wird wie folgt vereinfacht:

$\frac{1}{\overline{M_c}} = -\left(\frac{v_{sp,2}}{v_{m,1}}\right)\frac{\left[\ln(1-\phi_{2,s})+\phi_{2,s}+\chi_1\phi_{2,s}^2\right]}{\phi_{2,s}^{\frac{1}{3}}}$ Wir wissen, dass das spezifische Volumen $= \frac{1.0}{\text{density}}$ ist, daher haben wir für eine Polymerlösung $v_{sp,2} = \frac{1}{d_P}$, wobei d_P die Dichte des Polymers ist. Gleichung (29) kann weiter vereinfacht werden als:

$$\frac{1}{\overline{M_c}} = -\left(\frac{1}{d_P v_{m,1}}\right)\frac{\left[\ln(1-\phi_{2,s})+\phi_{2,s}+\chi_1\phi_{2,s}^2\right]}{\phi_{2,s}^{\frac{1}{3}}} \quad \text{oder}$$

$$\overline{M_c} = -d_P v_{m,1}\phi_{2,s}^{\frac{1}{3}}\left[\ln(1-\phi_{2,s})+\phi_{2,s}+\chi_1\phi_{2,s}^2\right]^{-1} \quad (31)$$

Mit Hilfe der Gleichung (31), d. h. der modifizierten Form der Flory-Rehner-Gleichung, können wir $\overline{M_c}$ von vernetzten Hydrogelen berechnen [3,27-31].

2.3 Ableitung der modifizierten Gleichung von Peppas und Merrill

Diese Gleichung lässt sich ableiten, indem man $\alpha^3 = \frac{\phi_{2,r}}{\phi_{2,s}}$ einsetzt und genauso vorgeht wie bei den Gleichungen (22) bis (28), dann erhält man

$$\frac{1}{\overline{M_c}} = \frac{2}{M_n} - \frac{\left(\frac{v_{sp,2}}{v_{m,1}}\right)\left[\ln(1-\phi_{2,s})+\phi_{2,s}+\chi_1\phi_{2,s}^2\right]}{\phi_{2,r}\left[\left(\frac{\phi_{2,s}}{\phi_{2,r}}\right)^{1/3} - \frac{1}{2}\left(\frac{\phi_{2,s}}{\phi_{2,r}}\right)\right]} \quad (32)$$

Gleichung (32) ist als modifizierte Gleichung von Peppas und Merrill bekannt, die zur Berechnung der Molekularmasse zwischen den Vernetzungen verwendet wird [32-37].

2.4 Schlussfolgerungen

Die Untersuchung des Gleichgewichtsquellungsverhältnisses kann Aufschluss über die Netzwerkstruktur und die $\overline{M}_c$ Werte des gequollenen Hydrogels geben. Hohe $\overline{M}_c$ -Werte deuten auf die elastischere Natur und die schnellen Quellungseigenschaften der Polymere in einem kompatiblen Quellungsmedium hin. Der Ausdruck für $\overline{M}_c$ kann durch Untersuchung der Thermodynamik der Hydrogelquellung abgeleitet werden. Die Werte von $\overline{M}_c$ haben einen signifikanten Einfluss auf die strukturellen und mechanischen Eigenschaften der vernetzten Netzwerke von Hydrogelen und stehen in direktem Zusammenhang mit der Art und dem Ausmaß der Vernetzungsdichte. Ihre Bestimmung ist von großer praktischer Bedeutung, da die Werte von $\overline{M}_c$ auf komplizierte Weise von den physikochemischen Eigenschaften der Lösungsmittel abhängen und auch der wichtigste Faktor sind, der die elastischen Eigenschaften von Hydrogelen bestimmt.

2.5 Referenzen

[1] Mahmudi N, Rendevski S. Strahlensynthese von AAM/DMAEMA/MBA-Hydrogelen zur Absorption von 2,4-D-Herbiziden. *BALWOIS 2010-Ohrid: Republik Mazedonien-25*, **2010**.

[2] Grassi M, Grassi G. Mathematical modelling and controlled drug delivery: matrix systems. *Curr Drug Deliv* **2005**;2:97-116.

[3] Raj Singh TR, McCarron PA, Woolfson AD, Donnelly RF. Untersuchung der Quellungs- und Netzwerkparameter von Poly(ethylenglykol)-vernetzten Poly(methylvinylether-co-maleinsäure)-Hydrogelen. *Eur Polym J* **2009**;45:1239-49.

[4] Lira LM, Martins KA, Cordoba de Torresi SI. Strukturelle Parameter von Polyacrylamid-Hydrogelen, ermittelt durch die Theorie der Gleichgewichtsquellung. *Eur Polym J* **2009**;45:1232-8.

[5] Caykara T, Bulut M, Dilsiz N, Akyuz Y. Macroporous poly(acrylamide) hydrogels: swelling and shrinking behaviors. *J Macromol Sci Part A Pure Appl Chem* **2006**;43:889-97.

[6] Frisch T, Verga A. Slow relaxation and solvent effects in the collapse of a polymer. *Physical Review E* **2002**;66:041807.

[7] Baumgartner S, Kristl J, Peppas NA. Network structure of cellulose ethers used in pharmaceutical applications during swelling and at equilibrium. *Pharm Res* **2002**;19:1084-90.

[8] Slaughter BV, Khurshid SS, Fisher OZ, Khademhosseini A, Peppas NA. Hydrogele in der regenerativen Medizin. *Adv Mater* **2009**;21:3307-29.

[9] Oliveira ED, Silva AFS, Freitas RFS; Contributions to the thermodynamics of polymer hydrogel systems. *Polymer* **2004**;45:1287-93.

[10] Peppas NA, Hilt JZ, Khademhosseini A, Langer R. Hydrogels in biology and medicine: from molecular principles to bionanotechnology. *Adv Mater* **2006**;18:1345-60.

[11] Peppas NA, Bures P, Leobandung W, Ichikawa H. Hydrogele in pharmazeutischen Formulierungen. *Eur J Pharm Biopharm* **2000**;50:27-46.

[12] Neuburger NA, Eichinger BE. Kritische experimentelle Prüfung der Flory-Rehner-Theorie der Quellung. *Macromolecules* **1988**;21:3060-70.

[13] Ganji F, Vasheghani-Farahani S, Vasheghani-Farahani E. Theoretical Description of Hydrogel Swelling: A Review. *Iran Polym J* **2010**;19:375-98.

[14] Huang Y, Jin X, Liu H, Hu Y. Ein molekulares thermodynamisches Modell für die Quellung von thermosensitiven Hydrogelen. *Fluid Phase Equilibria* **2008**;263:96-101.

[15] Flory PJ, Grundlagen der Polymerchemie. Ithaca, New York: Cornell University Press, **1953**.

[16] Liu Y, Shi B. Determination of Flory interaction parameters between polyimide and organic solvents by HSP theory and IGC. *Polym Bull* **2008**;61:501-9.

[17] Cecopieri-Gomez ML, Palacios-Alquisira J. Wechselwirkungsparameter(χ_1) ; Expansionsfaktor (ε); sterischer Hinderungsfaktor (σ); und Heilding-Faktor (ξ); für das System peg-organischer Lösungsmittel durch intrinsische Viskositätsmessungen. *J Brazil Chem Soc* **2005**;16:426-33.

[18] Gliko-Kabir I, Yagen B, Penhasi A, Rubinstein A. low swelling, crosslinked guar and its potential use as colon-specific drug carrier. *Pharm Res* **1998**;15:1019-25.

[19] Zhihui L, Wenhui W, Jianquan W, Xin J. Swelling behaviors, tensile properties and thermodynamic interactions in APS/HEMA copolymeric hydrogels. *Front Mater Sci China* **2007**;1:427-31.

[20] Erbil C, Topuz D, Gokceoren AT, Senkal BF. Netzwerkparameter von Poly(N-Isopropylacrylamid)/Montmorillonit-Hydrogelen: Auswirkungen von Beschleuniger und Tongehalt. *Polym Adv Technol* **2010**;22(12):1696-1704.

[21] Lin Z, Wu W, Wang J, Jin X. Studies on swelling behaviors, mechanical properties, network parameters and thermodynamic interaction of water sorption of 2-hydroxyethyl methacrylate/novolac epoxy vinyl ester resin copolymeric hydrogels. *React Funct Polym* **2007**;67:789-97.

[22] Menshikov EA, Bolshakova AV, Yaminskii IV. Bestimmung des Flory-Huggins-Parameters für ein Paar von Polymereinheiten aus AFM-Daten für dünne Filme von Blockcopolymeren. *Protection of Metals and Physical Chemistry of Surfaces* **2009**;45:295-9.

[23] Flory PJ. Thermodynamik von hochpolymeren Lösungen. *J Chem Phys* **1942**;10:51-61.

[24] Flory PJ. Statistische Thermodynamik der Gummielastizität. *J Chem Phys* **1951**;19:1435-9.

[25] Peppas NA, Huang Y, Torres-Lugo M, Ward JH, Zhang J. Physicochemical foundations and structural design of hydrogels in medicine and biology. *Annu Rev Biomed Eng* **2000**;2:9-29.

[26] Lin C, Metters AT. Hydrogele in Formulierungen mit kontrollierter Freisetzung: Netzwerkdesign und mathematische Modellierung. *Adv Drug Deliv Rev* **2006**;58:1379-1408.

[27] Kulkarni AR, Soppimath KS, Aminabhavi TM, Dave AM, Mehta MH. Mit Glutaraldehyd vernetzte Natriumalginatkügelchen, die flüssige Pestizide für die Bodenausbringung enthalten. *J Contr Rel* **2000**;63:97-105.

[28] Aithal US, Aminabhavi TM, Cassidy PE, Interactions of organic halides with a polyurethane elastomer. *J Memb Sci* **1990**;50:225-47.

[29] Bajpai SK, Singh S. Analysis of swelling behavior of poly(*methacrylamide-co-methacrylic* acid) hydrogels and effect of synthesis conditions on water uptake. *React Funct Polym* **2006**;66:431-40.

[30] Abdel-Azim AA, Abdul-Raheim AM, Atta AM, Brostow W, Datashvili T. Swelling and network parameters of crosslinked porous octadecyl acrylate copolymers as oil spill sorbers. *e-Polymers* **2009**; 134:1-14.

[31] Singh B, Sharma, V. Correlation study of structural-parameters of bioadhesive polymers in designing tunable drug delivery system. *Langmuir* **2014**;30:8580-91.

[32] Li X, Wu W, Wang J, Duan Y. The swelling behavior and network parameters of guar gum/poly(acrylic acid) semi-interpenetrating polymer network hydrogels. *Carbohydr Polym* **2006**;66:473-9.

[33] Gudeman LF, Peppas NA. pH-empfindliche Membranen aus interpenetrierenden Poly(vinylalkohol)/Poly(acrylsäure)-Netzwerken. *J Memb Sci* **1995**;107:239-48.

[34] Mawad D, Odell R, Poole-Warren LA. Netzwerkstruktur und makromolekulare Wirkstofffreisetzung aus Poly(vinylalkohol)-Hydrogelen, die mit zwei Vernetzungsstrategien hergestellt wurden. *Int J Pharm* **2009**;366:31-7.

[35] Bell CL, Peppas NA. Wasser-, Lösungs- und Proteindiffusion in physiologisch reagierenden Hydrogelen aus Poly(methacrylsäure-g-Ethylenglykol). *Biomaterials* **1996**;17:1203-18.

[36] Chen FR, Chen HF. Pervaporationstrennung von Ethylenglykol-Wasser-Gemischen mit vernetzten PVA-PES-Verbundmembranen. Part I. Effects of membrane preparation conditions on pervaporation performances. *J Memb Sci* **1996**;109:247-56.

[37] Carvajal-Millan E, Landillon V, Morel MH, Rouau X, Doublier JL, Micard V. Arabinoxylan gels: Einfluss des Feruloylierungsgrades auf ihre Struktur und Eigenschaften. *Biomacromolecules* **2005**;6:309-17.

Kapitel 3

Bestimmung von Netzwerkparametern aus $\overline{M_c}$ und Korrelation mit Hydrogel-Arzneimittelabgabegeräten

Die Netzwerkstruktur wird durch mehrere Parameter definiert, z. B. die Anzahl der Vernetzungen, ihre Funktionalität und Verteilung, Netzwerkdefekte (baumelnde Ketten und Schleifen) und Verschlingungen [1]. Die Charakterisierung der Netzwerkstruktur von Hydrogelen kann durch die Bestimmung verschiedener Parameter untersucht werden, wie z. B. des Polymervolumenanteils im gequollenen Zustand ($\phi_{2,s}$), des Flory-Huggins-Polymer-Penetrant-Lösungsmittel-Wechselwirkungsparameters (χ_1), des Molekulargewichts der Polymerkette zwischen zwei benachbarten Querverbindungen ($\overline{M_c}$), der Vernetzungsdichte (ρ) und der entsprechenden Maschengröße (ξ). Von diesen Parametern kann $\phi_{2,s}$ experimentell bestimmt werden, und die übrigen Parameter können anhand des Wertes dieses Parameters bewertet werden. Die Größe von $\overline{M_c}$ wirkt sich in hohem Maße auf die physikalischen und mechanischen Eigenschaften vernetzter Polymere aus. Sie steht in direktem Zusammenhang mit der Vernetzungsdichte und spielt eine entscheidende Rolle für die elastischen Eigenschaften von Hydrogelen [2-4]. Die Gleichgewichtsquellung wird häufig zur Bestimmung von $\overline{M_c}$ verwendet [5-8].

Um die Werte von $\overline{M_c}$ zu berechnen, können wir die Gleichung (31), d. h. die Flory-Rehner-Gleichung [9-14] in folgender Form verwenden:

$$\overline{M_c} = -d_P v_{m,1} \phi_{2,s}^{\frac{1}{3}} \left[\ln(1-\phi_{2,s}) + \phi_{2,s} + \chi_1 \phi_{2,s}^2\right]^{-1}$$

3.1 Ausdrücke zur Bestimmung der Vernetzungsdichte (ρ) und der Maschenweite (ξ) aus dem Wert $\overline{M_c}$

Der Volumenanteil des Polymers im gequollenen Zustand ist ein Maß für die Menge der vom Hydrogel aufgenommenen und zurückgehaltenen Flüssigkeit [15]. Der Volumenanteil ($\phi_{2,s}$) des Polymers im gequollenen Zustand wurde nach der von Aithal und Mitarbeitern [13] verwendeten Methode berechnet. Demnach kann $\phi_{2,s}$ mit Hilfe von Gleichung (33) berechnet werden [14,16-18].

$$\phi_{2,s} = Q_v^{-1} = \frac{V_p}{V_g} = \left[\left(\frac{d_p}{d_s}\right)\left(\frac{w_\infty - w_o}{w_o}\right) + 1\right]^{-1} \qquad (33)$$

Dabei sind d_p und d_s die Dichten des Polymers bzw. des Lösungsmittels; w_o und w_∞ sind das Gewicht des Polymers vor bzw. nach der 24-stündigen Quellung, Q_v ist das Gleichgewichtsquellverhältnis, V_p und V_g sind das Polymervolumen bzw. das Volumen des gequollenen Gels und $v_{m,1}$ ist das molare Volumen des Quellungsmittels (18,1 cm^3 /mol für Wasser). Der Flory-Huggins-Wechselwirkungsparameter (χ_1) kann experimentell aus dem Temperaturkoeffizienten [12,13,18,19] des Volumenanteils $\left(\frac{d\phi_{2,s}}{dT}\right)$ berechnet werden. Somit ergibt sich aus dem Flory-Rehner-Modell:

$$\chi_1 = \left[\phi_{2,s}(1-\phi_{2,s})^{-1} + N\ln(1-\phi_{2,s}) + N\phi_{2,s}\right]\left[2\phi_{2,s} - \phi_{2,s}^2 N - \phi_{2,s}^2 T^{-1}\left(\frac{d\phi_{2,s}}{dT}\right)^{-1}\right]^{-1} \qquad (34a)$$

wobei $N = \left(\frac{\phi_{2,s}^{\frac{2}{3}}}{3} - \frac{2}{3}\right)\left(\phi_{2,s}^{\frac{1}{3}} - \frac{2}{3}\phi_{2,s}\right)^{-1}$ und $\left(\frac{d\phi_{2,s}}{dT}\right)$ die Steigung ist, die man erhält, wenn man die Daten des Volumenanteils ($\phi_{2,s}$) gegen die Temperatur (K) aufträgt. Der Flory-Huggins-Wechselwirkungsparameter (χ_1) von Hydrogelen kann auch experimentell ermittelt werden [7,20,21], indem folgender Ausdruck verwendet wird:

$$\chi_1 = \frac{1}{2} + \frac{\phi_{2,s}}{3} \quad (34b)$$

Nach der Theorie der regulären Lösung wird die Beziehung zwischen dem Flory-Huggins-Wechselwirkungsparameter und den Löslichkeitsparametern [22,23], die als Bristow-Watson-Methode [13] bekannt ist, durch die folgende Gleichung angegeben:

$$\chi_1 = \chi_S + \left(\frac{v_{m,1}}{RT}\right)(\delta_1 - \delta_2)^2 \quad (34c)$$

wobei $\chi_S = \frac{1}{z}\left(1 - \frac{1}{m}\right) = 0.34$ der Entropiebeitrag zu χ_1, auch Gitterkonstante genannt, für die Polymerlösung ist, δ_1 und δ_2 die Löslichkeitsparameter des Lösungsmittels bzw. des Polymers sind, z = Gitterkoordinationszahl, m = Kettenlänge und $v_{m,1}$ = molares Volumen des Lösungsmittels.

Die Quellungseigenschaften der Netzwerkgelstruktur hängen von der Anzahl der intermolekularen Verbindungen pro Volumeneinheit ab, die als Vernetzungsdichte (ρ) beschrieben wird [24,25], und zur weiteren Analyse des Lösungsmittel-Sorptionsverhaltens von Hydrogelen in wässrigem Medium kann die Vernetzungsdichte (ρ) über die folgende Gleichung (35) berechnet werden [9,18,26-31].

$$\rho = \frac{1}{v_{sp,2}\left(\overline{M}_c\right)} = \frac{d_p}{\overline{M}_c} \quad (35)$$

wobei $v_{sp,2} = \frac{1}{d_p}$ das spezifische Volumen des Polymers ist. Die Vernetzungsdichte kann durch das Verhältnis der Vernetzer, die Funktionalität der Vernetzer, die Bestrahlungszeit für die Vernetzung und das Molekulargewicht der Polymerkettensegmente beeinflusst werden. Eine höhere Vernetzungsdichte führt zu einer höheren Rückzugskraft des gequollenen Netzwerks und damit zu einem geringeren Quellungsgrad.

Die Maschengröße (ξ) definiert den Raum zwischen polymeren/makromolekularen Ketten (Abbildung 9) in einem vernetzten

Netzwerk und ist durch die Korrelationslänge zwischen zwei benachbarten Querverbindungen gekennzeichnet. Die Maschengröße ist eine entscheidende Komponente für die Bestimmung der mechanischen Festigkeit, Abbaubarkeit und Diffusionsfähigkeit des freisetzenden Moleküls [32]. In ihrer gequollenen Form haben Hydrogele, die meist in biologischen Anwendungen eingesetzt werden, Maschenweiten von 5 bis 100 nm. Sie ist ein wichtiger Parameter von Hydrogelnetzwerken für das Verständnis der Diffusions- und Transporteigenschaften von auf Makromolekülen basierenden polymeren Netzwerken [33]. Die Diffusions- und Verkapselungsrate von Arzneimitteln wurde weitgehend durch die Netzwerkarchitektur und den Lösungsmittelgehalt im gequollenen Hydrogel beeinflusst [34,35]. Die Modulationen der Quellungseigenschaften von Polymernetzwerken führten zu einer Veränderung der Maschengröße der Gele, wodurch sich die Diffusions- und Freisetzungseigenschaften von mit Arzneimitteln beladenen Hydrogelen veränderten [36,37].

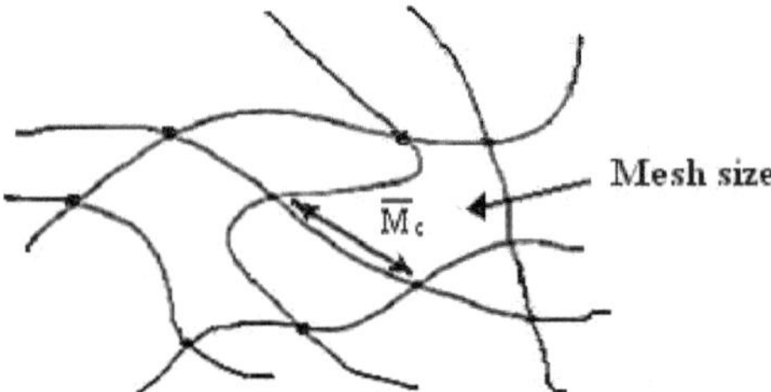

Abbildung 9: Maschenweite des gequollenen Polymernetzes.

Die lineare Maschenweite (ξ) von Gel-Netzwerken wurde mit Hilfe der Gleichung (33) berechnet, wie sie von Gudeman und Peppas [38] diskutiert wurde. Die Maschengröße [14,29,39] kann mit der folgenden Gleichung (34) beschrieben werden:

$$\xi = \phi_{2,s}^{-1/3} (\bar{r}_o^2)^{1/2} = Q_v^{1/3} (\bar{r}_o^2)^{1/2} = \alpha(\bar{r}_o^2)^{1/2} \quad (36)$$

wobei Q_v = volumetrisches Quellverhältnis, α = Dehnungsverhältnis des Polymers in jeder Richtung und $(\bar{r}_o^2)^{1/2}$ die Quadratwurzel aus dem Quadrat des mittleren End-zu-End-Abstands der Netzwerkkette zwischen zwei benachbarten Vernetzungen im ungestörten Zustand ist [27,38,40]. Für isotrop gequollenes Hydrogel :

$\alpha = (\phi_{2,s})^{-1/3}$ und $(\bar{r}_o^2)^{1/2} = l(C_n N)^{1/2}$ mit l = Bindungslänge entlang des Polymerrückgrats (1,54 Å), C_n = charakteristisches Flory-Verhältnis, N = Anzahl der Verbindungen $= \frac{2\overline{M}_c}{M_r}$, wobei M_r das Molekulargewicht der sich wiederholenden Einheiten ist und definiert ist als: $M_r = \frac{m_1 M_1 + m_2 M_2}{m_1 + m_2}$

wobei m_1 und m_2 die Massen der Monomere und M_1 und M_2 ihre jeweiligen Molmassen sind [14,41].

Daher kann Gleichung (33) in Gleichung (35) umgewandelt werden, die zur Berechnung der Maschenweite des Polymernetzwerks verwendet werden kann [28].

$$\xi = \phi_{2,s}^{-1/3} l \left(C_n \frac{2\overline{M}_c}{M_r} \right)^{1/2} \qquad (37)$$

Die mittlere Porengröße (ξ) [10,11,31,42] von Hydrogelnetzwerken kann mit Hilfe von Gleichung (38) berechnet werden.

$$\xi = 0.071 \phi_{2,s}^{-1/3} (\overline{M}_c)^{1/2} \qquad (38)$$

Um die Netzwerkparameter von Hydrogelen zu berechnen, muss man die Quellungsdaten von Hydrogelen eines bestimmten Gewichts und einer bestimmten Größe in destilliertem Wasser nehmen. Zunächst wurden die Abmessungen der Hydrogele gemessen, dann wurde die Dichte der Vernetzungen (ρ) im Hydrogelnetzwerk durch Kenntnis des Gewichts und des Volumens der Hydrogele bewertet. Die Proben mit bekannter Dichte wurden in ein geeignetes Lösungsmittel (z. B. destilliertes Wasser) gegeben, bei einer bestimmten Temperatur bis zum Gleichgewicht quellen gelassen und nach 24 Stunden gewogen. Die $\phi_{2,s}$ Werte des Polymers im gequollenen Zustand des Hydrogels wurden bei verschiedenen Temperaturen mit Hilfe der Gleichung (33) berechnet. Der Flory-Huggins-Wechselwirkungsparameter (χ_1) wird experimentell berechnet, indem die Steigung des Graphen $\phi_{2,s}$ gegen die Temperatur (T) ermittelt und die Gleichung (34a) verwendet wird. Ferner werden die $\overline{M}_c$ Werte der gequollenen Hydrogele mit Hilfe der Gleichung (31) bei einer bestimmten Temperatur und den entsprechenden $\phi_{2,s}$ Werten bestimmt. Die ρ- und ξ-Werte der gequollenen Polymere wurden mit Hilfe der Gleichungen (35) und (37) berechnet, indem der $\overline{M}_c$ -Wert des Hydrogels bei einer bestimmten Temperatur eingesetzt wurde.

3.2 Beziehung zwischen den Netzwerkparametern von Hydrogelen und Arzneimittelabgabevorrichtungen

Die biomedizinischen Anwendungen von Hydrogelen beruhen in der Regel auf der vernetzten Struktur, die durch verschiedene Netzwerkparameter gekennzeichnet ist [43]. Im Falle von DD-Anwendungen kann die Geschwindigkeit der Medikamentendiffusion aus dem mit Medikamenten beladenen Hydrogel durch die Bewertung verschiedener Netzwerkparameter wie , $\phi_{2,s}$ $\overline{M}_c$, ρ und entsprechende ξ-Werte angepasst werden [44]. Die Quell- und Freisetzungsleistung des Hydrogels war sehr stark vom Ausmaß der Vernetzungen, d.h. der Vernetzungsdichte (ρ) und den Werten von χ_1 , d.h. dem Flory-Wechselwirkungsparameter, abhängig [24]. Der Flory-Wechselwirkungsparameter spiegelt die thermodynamische Wechselwirkung in Hydrogelen wider, die wiederum die Änderung der Wechselwirkungsenergie beim Mischen von Polymer und Lösungsmittel angibt [45]. Die Werte von χ_1 hängen von $\phi_{2,s}$ und der Temperatur des Quellungsmediums ab. In schlechten Lösungsmitteln mit $\chi_1 \geq 0.7$ wird das Ausmaß der Gleichgewichtsquellung der Polymere durch Abweichungen bei pH-Wert und Temperatur des Mediums überhaupt nicht beeinflusst. Bei guten Lösungsmitteln $\chi_1 \leq 0.5$ wird die Gleichgewichtsquellung jedoch aufgrund der zunehmenden Polymer-Lösungsmittel-Wechselwirkungen durch Temperatur- und pH-Abweichungen beeinflusst [46]. Die Änderungen der freien Energie (ΔG) , der Enthalpie (ΔH) und der Entropie (ΔS) während der Quellung von Hydrogelen in einem geeigneten Lösungsmittel können aus den Steigungen und Schnittpunkten des Plots zwischen χ_1 und 1/T mit Hilfe des folgenden Ausdrucks berechnet werden: $\chi_1 = \frac{\Delta G}{RT} = \frac{(\Delta H - T\Delta S)}{RT}$. Die negativen Werte von ΔH und ΔS deuten darauf hin, dass Hydrogele in Wasser eine LCST (niedrige kritische Lösungstemperatur) aufweisen [46].

Der einfachste Ansatz für eine anhaltende und langsame Wirkstofffreisetzung aus wirkstoffbeladenen Hydrogelen besteht darin, die makromolekulare Konfiguration des Gel-Netzwerks zu verändern, was durch die Vernetzung makromolekularer Ketten zur Bildung von 3-D-Polymernetzwerken erreicht werden kann [47]. Die $\overline{M}_c$ Werte von Hydrogelen definieren die physikalische und mechanische Integrität der vernetzten Polymere und sind mit der Vernetzungsdichte korreliert. Diese Netzwerkparameter werden von den physikalisch-chemischen Eigenschaften der Lösungsmittel beeinflusst und bestimmen die elastischen Eigenschaften der Hydrogelnetzwerke [2-4].

Die Fähigkeit zur Verkapselung von Arzneimitteln und die mechanische/physikalische Festigkeit von Hydrogelen wurden mit zunehmender Vernetzungsdichte (ρ) von Hydrogelen erhöht [37,48]. Eine höhere Vernetzungsdichte führte zu einer höheren Rückzugskraft innerhalb gequollener Gel-Netzwerke und zu einem geringeren Quellungsgrad. Die Erhöhung der Vernetzungsdichte verringert die Quellfähigkeit von Hydrogelen aufgrund der langsameren Relaxationszeit der Polymerkette, was zu einer geringeren Freisetzungsrate des Arzneimittels führt [49]. Strukturelle Parameter wie ρ-Werte wirken sich ebenfalls auf die mukoadhäsive Leistung aus, da eine hohe Vernetzungsdichte die Kettenflexibilität und die Interpenetration der Polymerketten in die Mucin-Netzwerke verringert [45].

Die Maschengröße (ξ) ist ein wichtiges Netzwerkmerkmal für die Bestimmung der mechanischen Festigkeit, der Abbaubarkeit und der Diffusion/Freisetzung von Arzneimittelmolekülen [50-52]. Die Maschengröße spiegelt nicht unbedingt die tatsächliche geometrische Anordnung der Polymernetzwerke in Hydrogelen wider [53]. Mit anderen Worten, der Begriff "ξ" gibt die maximale Größe der gelösten Stoffe an, die durch die Polymernetzwerke hindurchgehen können, und weist somit auf die abschirmende Wirkung der Polymernetzwerke auf den Diffusionsprozess der gelösten Stoffe hin. Die Kenntnis der Maschengröße der porösen Netze eines Hydrogels erleichtert die Bewertung der verschiedenen Diffusionskoeffizienten der geladenen Arzneimittelmoleküle, die zur Ermittlung des erwarteten Arzneimittelfreigabeprofils und der Freisetzungskinetik für DD-Anwendungen genutzt werden können [32,54]. Hydrogele können je nach ihrer Maschengröße in drei Kategorien eingeteilt werden: nicht poröse Hydrogele (1-10 nm), mikroporöse Hydrogele (10-100 nm) und makroporöse Hydrogele (Maschengröße über 100 nm) [55]. Die meisten Hydrogele, die für biomedizinische Zwecke verwendet werden, haben in ihrem gequollenen Zustand eine Maschengröße von 5-100 nm [56].

Bei mikroporösen Hydrogelen neigen die ξ-Werte dazu, sich beim Aufquellen auf die Größe der diffusionsfähigen gelösten Teilchen auszudehnen, und ihr Transport erfolgt aufgrund der kombinierten Wirkung von Molekularbewegung und Konvektion in den mit Lösungsmittel gefüllten Poren des gequollenen Hydrogels.

Das Verhältnis des Diffusionskoeffizienten im Hydrogel zum reinen Lösungsmittel (D_{ip} /D_{iw}) kann wie folgt beschrieben werden:

$$\frac{D_{ip}}{D_{iw}} = (1-\lambda^2)(1-2.104\lambda+2.09\lambda^3-0.95\lambda^5) \quad (39)$$

wobei λ das Verhältnis zwischen dem Durchmesser der gelösten Stoffe und der Porengröße (ξ) ist [57].

Canal und Mitarbeiter [32] haben eine Korrelation zwischen der Größe der Poren in gequollenem PVA-Hydrogel und seinen $\phi_{2,s}$ Werten im gequollenen Gleichgewichtszustand bei 37° C (Temperatur der meisten biomedizinischen Anwendungen) festgestellt. Sie zeigten auch, dass für $\phi_{2,s}$ Werte unter 0,10 die Korrelation $\xi \approx \phi_{2,s}^{-1/2}$ ist, während für $\phi_{2,s}$ Werte über 0,10 die Korrelation $\xi \approx \phi_{2,s}^{-1}$ wird. Beide Korrelationen hängen von der Anfangskonzentration der Polymerlösung ab, und diese Untersuchung kann zur Bestimmung der □□values verschiedener biomedizinisch wichtiger Hydrogele und zur Vorhersage anderer Geleigenschaften, wie z. B. der Diffusionskoeffizienten von gelösten Stoffen und der mechanischen Eigenschaften von Netzwerk-Hydrogelen, verwendet werden. Für die Diffusionskoeffizienten von gelösten Stoffen im Gleichgewichtszustand der Hydrogelquellung wurde ein Skalierungsgesetz vorgeschlagen, das diese Koeffizienten mit der Größe der gelösten Stoffe und der Maschengröße des Gels sowie mit den $\phi_{2,s}$ Werten der gequollenen Hydrogele in Beziehung setzt [58]. All diese Parameter beeinflussen die Kinetik und den Freisetzungsmechanismus von gelösten Stoffen aus Netzwerk-Hydrogelen zusammen mit den anderen strukturellen Eigenschaften der Hydrogele [59]. Bei Polymernetzwerken mit niedrigen Werten des Verhältnisses von gelöster Substanz zu Maschengröße wurde der Diffusionsprozess hauptsächlich durch das Ausmaß der Wechselwirkungen zwischen gelöster Substanz und Polymer behindert [44]. Stringer und Peppas [60] stellten jedoch fest, dass die Transport- und Diffusionskoeffizienten kleinerer gelöster Stoffe wie Theophyllin mit niedrigem Molekulargewicht nicht durch das Ausmaß der Vernetzung und die Größe der Gelmaschen beeinflusst wurden. Die effektiven Diffusionsparameter hingen nur vom Gleichgewichtsquellverhältnis der Netzwerk-Hydrogele ab. Die wichtigste Eigenschaft eines absorbierenden Polymermaterials ist seine Sorptionskapazität, und der Wechselwirkungsparameter χ_1 , die Vernetzungsdichte (ρ) und die Anzahl der Ionengruppen in den Gel-Netzwerken sind die Schlüsselvariablen, die die Sorptionseigenschaften von Hydrogelen beeinflussen [61].

Die Vernetzungsdichte (ρ) ist bei der Charakterisierung und Bewertung der strukturellen Merkmale von Hydrogelen von großer Bedeutung, da sie die 3D-Architektur, die strukturelle Integrität und die Eigenschaften der Verbindungsnetzwerke von Biomaterialien beeinflusst. Hydrogele mit einer niedrigen Vernetzungsdichte geben den Wirkstoff schnell frei, während Hydrogele mit einer hohen Vernetzungsdichte eine hohe Wirkstoffbeladungskapazität aufweisen und zur Steuerung der Freisetzungsrate von Wirkstoffen verwendet werden können [37,45]. Die Netzwerkparameter sind umgebungsabhängig, z. B. pH- [61], temperatur- [62] und salzkonzentrationsabhängig. Durch die Anpassung der Netzwerkstruktur von Hydrogelen bei Kenntnis verschiedener struktureller Parameter können daher ortsspezifische, kontrollierte Arzneimittelabgabesysteme für die lokale Arzneimittelabgabe entwickelt werden [43].

Die Kenntnis der Netzwerkparameter hat sich als wichtiges Instrument für das molekulare Prägen erwiesen. Hart und Mitarbeiter [63] haben die Abhängigkeit sowohl der Selektivität als auch der absoluten Kapazität von vernetzten Hydrogelen vom ρ-Wert der Polymere festgestellt. Die Konzentration des Vernetzers hat die Beladung und die Freisetzungseigenschaften von eingekapselten Arzneimitteln aus medikamentenbeladenen Hydrogelen beeinflusst. Mit steigendem Gehalt an N,N'-Methylenbisacrylamid (MBA) erhöhte sich die Vernetzungsdichte (von 3,95082 auf 9,33350 × 10^4 mol/cm^3) und die Maschenweite (ξ) verringerte sich (von 57,004 auf 34,800 Å) bei 310,15 K oder 37° C. Bei geringerer Vernetzerkonzentration ist die Vernetzungsdichte des Hydrogels bei großer Maschenweite geringer, was die Diffusion von Arzneimittelmolekülen in die Polymernetzwerke erleichtert und zu einem hohen Einschluss des Arzneimittels im Vergleich zu Hydrogelen mit hoher Vernetzerkonzentration führt [18]. Die Zugabe von mehr Vernetzern hat die kumulative Freisetzung des Wirkstoffs verringert, da die physikalische Verflechtung zwischen den Polymerketten zunimmt, was zu einer kompakten, weniger porösen Netzwerkstruktur führt, die eine geringere Quellung, eine geringere Beladungskapazität und eine langsamere Freisetzung von Heilmitteln zur Folge hat [64].

3.3 Schlussfolgerungen

Die Quellung von DD-Systemen auf Hydrogelbasis spielt eine wichtige Rolle bei der Bestimmung der charakteristischen Netzwerkparameter. Die verschiedenen Parameter der strukturellen Vernetzung von Hydrogelen haben erheblichen Einfluss auf die mechanischen und Diffusionseigenschaften der entworfenen Hydrogele und stehen in direktem Zusammenhang mit der Art und dem Ausmaß der Polymerkettenvernetzung. Die Bestimmung dieser Strukturparameter ist von großer praktischer Bedeutung. Sie hängen von den physikalisch-chemischen Eigenschaften der Lösungsmittel ab und sind die Schlüsselaspekte bei der Bewertung der elastischen und quellenden Eigenschaften von Hydrogelen. Indem man die Netzwerkstruktur von Hydrogelen durch die Kenntnis verschiedener struktureller Parameter maßschneidert, kann man ortsspezifische, kontrollierte Arzneimittelabgabesysteme für die lokale Arzneimittelabgabe entwickeln.

3.4 Referenzen

[1] Valentin JL, Carretero-Gonzalez J, Mora-Barrantes I, Chasse W, Saalwachter K. Uncertainties in the determination of cross-link density by equilibrium swelling experiments in natural rubber. *Macromolecules* **2008**;41:4717-29.

[2] Karadag E, Saraydin D. Swelling of acrylamide-tartaric acid hydrogels. *Iran J Polym Sci Technol* **1995**;4:218-25.

[3] Makitra RG, Bryk DV, Palchikova EY. Inkonsistenz der Ergebnisse bei der Bestimmung der Kettenvernetzungsdichte in Kaustobiolithen nach der Flory-Rehner-Theorie. *Solid Fuel Chem* **2009**;43:201-4.

[4] Caykara T, Dogmus M, Kantoglu O. Network structure and swelling-shrinking behaviors of pH-sensitive poly(*acrylamide-co-itaconic* acid) hydrogels. *J Polym Sci: Part B Polym Phys* **2004**;42:2586-94.

[5] Karadag E, Saraydin D, Sahiner N, Guven O. Radiation induced acrylamide/citric acid hydrogels and their swelling behaviors. *J Macromol Sci: Pure Appl Chem* **2001**;38:1105-21.

[6] Davaran S, Rashidi MR, Khani A. Synthese von chemisch vernetzten Hydroxypropylmethylcellulose-Hydrogelen und ihre Anwendung zur kontrollierten Freisetzung von 5-Aminosalicylsäure. *Drug Develop Indust Pharm* **2007**;33:881-7.

[7] Caykara T, Birlik G, Izol D. Reentrant phase transition and network parameters of hydrophobically modified poly[2-(diethylamino)*ethyl-methacrylate-co-N-vinyl-2-pyrrolidone/* octadecyl acrylate] hydrogels. *Eur Polym J* **2007**;3:514-21.

[8] Bajpai AK, Sharma M. Preparation and characterization of binary grafted polymeric blends of polyvinyl alcohol and gelatin and evaluation of their water uptake potential. *J Macromol Sci: Part A* **2005**;42: 663-82.

[9] Singh B, Sharma, V. Correlation study of structural-parameters of bi-oadhesive polymers in designing tunable drug delivery system. *Langmuir* **2014**;30:8580-91.

[10] Singh B, Sharma V, Kumar R, Mohan M. Development of dietary fiber psyllium based hydrogel for use in drug delivery applications. *Food Hydrocoll Health* **2022**;2:100059.

[11] Singh B, Sharma V. Influence of polymer network parameters of trag-acanth gum-basedpH responsive hydrogels on drug delivery. *Carbohydr Polym* **2014**;101: 928- 40.

[12] Kulkarni AR, Soppimath KS, Aminabhavi TM, Dave AM, Mehta MH. Mit Glutaraldehyd vernetzte Natriumalginatkügelchen, die flüssige Pestizide für die Bodenausbringung enthalten. *J Contr Rel* **2000**;63:97-105.

[13] Aithal US, Aminabhavi TM, Cassidy PE, Interactions of organic hal-ides with a polyurethane elastomer. *J Memb Sci* **1990**;50:225-47.

[14] Bajpai SK, Singh S. Analysis of swelling behavior of poly(*methac-rylamide-co-methacrylic* acid) hydrogels and effect of synthesis condi-tions on water uptake. *React Funct Polym* **2006**;66:431-40.

[15] Peppas NA, Bures P, Leobandung W, Ichikawa H. Hydrogele in phar-mazeutischen Formulierungen. *Eur J Pharm Biopharm* **2000**;50:27-46.

[16] Turan E, Demirci S, Caykara T. Thermo-and pH-induced phase tran-sitions and network parameters of poly(n-isopropylacrylamideco-2-

acrylamido-2-methyl-propanosulfonic acid) hydrogels. *J Polym Sci: Part B Polym Phys* **2008**;46:1713-24.

[17] Eroglu MS. Netzwerkcharakterisierung von energetischem Poly(glycidylazid). *Tr J Chem* **1997**;21:256-61.

[18] Singh B, Chauhan N, Sharma V. Design of Molecular Imprinted Hydrogels for Controlled Release of Cisplatin: Evaluation of Network Density of Hydrogels. *Ind Eng Chem Res* **2011**;50:13742-51.

[19] Abdel-Azim AA, Abdul-Raheim AM, Atta AM, Brostow W, Datashvili T. Swelling and network parameters of crosslinked porous octadecyl acrylate copolymers as oil spill sorbers. *e-Polymers* **2009**; 134:1-14.

[20] Rao KSVK, Ha CS. pH-sensitive Hydrogele auf der Basis von Acrylamiden und ihre Quellungs- und Diffusionseigenschaften mit Arzneimittelabgabeverhalten. *Polym Bull* **2009**;62:167-81.

[21] Xue W, Champ S, Huglin MB. Netzwerk- und Quellungsparameter von chemisch vernetzten, thermoreversiblen Hydrogelen. *Polymer* **2001**;42:3665-9.

[22] Lindvig T, Michelsen ML, Kontogeorgis GM. Ein Flory-Huggins-Modell auf der Grundlage der Hansen-Löslichkeitsparameter. *Fluid Phase Equilibria* **2002**;203:247-60.

[23] Ovejero G, Perez P, Romero MD, Guzman I, Diez E. Solubility and Flory Huggins parameters of SBES, poly(styrene-b-butene/ethylene-b-styrene) triblock copolymer, determined by intrinsic viscosity. *Eur Polym J* **2007**;43:1444-9.

[24] Grassi M, Grassi G. Mathematische Modellierung und kontrollierte Arzneimittelabgabe: Matrixsysteme. *Curr Drug Deliv* **2005**;2:97-116.

[25] Mantovani F, Grassi M, Colombo I, Lapasin R. A combination of vapor sorption and dynamic laser light scattering methods for the determination of the Flory parameter χ and the crosslink density of a powdered polymeric gel. *Fluid Phase Equilibria* **2000**;167:63-81.

[26] Lin Z, Wu W, Wang J, Jin X. Studies on swelling behaviors, mechanical properties, network parameters and thermodynamic interaction of water sorption of 2-hydroxyethyl methacrylate/novolac epoxy vinyl ester resin copolymeric hydrogels. *React Funct Polym* **2007**;67:789-97.

[27] Li X, Wu W, Wang J, Duan Y. The swelling behavior and network parameters of guar gum/poly(acrylic acid) semi-interpenetrating polymer network hydrogels. *Carbohydr Polym* **2006**;66:473-9.

[28] Mawad D, Odell R, Poole-Warren LA. Netzwerkstruktur und makromolekulare Wirkstofffreisetzung aus Poly(vinylalkohol)-Hydrogelen, die mit zwei Vernetzungsstrategien hergestellt wurden. *Int J Pharm* **2009**;366:31-7.

[29] Chen FR, Chen HF. Pervaporationstrennung von Ethylenglykol-Wasser-Gemischen mit vernetzten PVA-PES-Verbundmembranen. Part I. Effects of membrane preparation conditions on pervaporation performances. *J Memb Sci* **1996**;109:247-56.

[30] Jhaveri SJ, Hynd MR, Mesfin ND, Turner JN, Shain W, Ober CK. Freisetzung von Nervenwachstumsfaktor aus HEMA-Hydrogel-beschichteten Substraten und seine Wirkung auf die Differenzierung von Nervenzellen. *Biomacromolecules* **2009**;10:174–83.

[31] Chung JT, Vlugt-Wensink KDF, Hennink WE, Zhang Z. Effect of polymerization conditions on the network properties of dex-HEMA microspheres and macro-hydrogels. *Int J Pharm* **2005**;288:51-61.

[32] Canal T, Peppas NA. Korrelation zwischen Maschenweite und Gleichgewichtsquellungsgrad von Polymernetzwerken. *J Biomed Mater Res* **1989**;23:1183-93.

[33] Hariharan D, Peppas NA. Charakterisierung, dynamisches Quellverhalten und Transport von gelösten Stoffen in kationischen Netzwerken mit Anwendungen für die Entwicklung von quellungsgesteuerten Freisetzungssystemen. *Polymer* **1996**;37:149-61.

[34] Vakkalanka SK, Peppas NA. Quellverhalten von temperatur- und pH-empfindlichen Blockterpolymeren für die Verabreichung von Arzneimitteln. *Polym Bull* **1996**;36:221-5.

[35] Sannino A, Demitri C, Madaghiele M. Biodegradable cellulose-based hydrogels: design and applications. *Materialien* **2009**;2:353-73.

[36] Okay O, Sariisik SB, Zor SD. Quellverhalten von anionischen Hydrogelen auf Acrylamidbasis in wässrigen Salzlösungen: Vergleich von Experiment und Theorie. *J Appl Polym Sci* **1998**;70:567-75.

[37] Varshosaz J, Koopaie N. Cross-linked poly(vinyl alcohol) hydrogel: study of swelling and drug release behaviour. *Iran Polym J* **2002**;11:123-31.

[38] Gudeman LF, Peppas NA. pH-empfindliche Membranen aus interpenetrierenden Poly(vinylalkohol)/Poly(acrylsäure)-Netzwerken. *J Memb Sci* **1995**;107:239-48.

[39] Du JZ, Sun TM, Weng SO, Chen XS, Wang J. Synthesis and characterization of photo-cross-linked hydrogels based on biodegradable polyphosphoesters and poly(ethylene glycol) copolymers. *Biomacromolecules* **2007**;8:3375-81.

[40] Lin C, Metters AT. Hydrogele in Formulierungen mit kontrollierter Freisetzung: Netzwerkdesign und mathematische Modellierung. *Adv Drug Deliv Rev* **2006**;58:1379-1408.

[41] Yarimkaya S, Basan H. Synthesis and swelling behavior of acrylate-based hydrogels. *J Macromol Sci: Part A* **2007**;44:699-706.

[42] Singh B, Sharma V. Designing galacturonic acid/arabinogalactan crosslinked poly (vinyl pyrrolidone)co poly(2 acrylamido 2 methylpropane sulfonic acid) polymers: Synthese, Charakterisierung und Anwendung zur Medikamentenabgabe. *Polymer* **2016**;91:50-61.

[43] Ende MT, Hariharan D, Peppas NA; Factors influencing drug and protein transport and release from ionic hydrogels. *React Polym* **1995**;25:127-37.

[44] Ende MT, Peppas NA. Transport von ionisierbaren Arzneimitteln und Proteinen in vernetzten Poly(acrylsäure) und Poly(acrylsäure-co-2-hydroxyethylmethacrylat) Hydrogelen. II. Diffusions- und Freisetzungsstudien. *J Contr Rel* **1997**;48:47-56.

[45] Raj Singh TR, McCarron PA, Woolfson AD, Donnelly RF. Untersuchung der Quellungs- und Netzwerkparameter von Poly(ethylenglykol)-vernetzten Poly(methylvinylether-co-maleinsäure)-Hydrogelen. *Eur Polym J* **2009**;45:1239-49.

[46] Sen M, Sari S; Radiation synthesis and characterization of poly(N,N-dimethylaminoethyl *methacrylate-co-N-vinyl-2-pyrrolidone*) hydrogels. *Eur Polym J* **2005**;41:1304-14.

[47] Gander B, Gurny R, Doelker E, Peppas NA. Auswirkung der polymeren Netzwerkstruktur auf die Wirkstofffreisetzung aus vernetzten Poly(vinylalkohol)-Mikromatrizen. *Pharm Res* **1989**;6:578-84.

[48] Kumar A, Pandey M, Koshy MK, Saraf SA. Synthese eines schnell quellenden superporösen Hydrogels: Auswirkung der Konzentration von Vernetzer und Acdisol auf das Quellverhältnis und die mechanische Festigkeit. *Int J Drug Deliv* **2010**;2:135-40.

[49] Berger J, Reist M, Mayer JM, Felt O, Peppas NA, Gurny R. Structure and interactions in covalently and ionically crosslinked chitosan hydrogels for biomedical applications. *Eur J Pharm Biopharm* **2004**;57:19-34.

[50] Slaughter BV, Khurshid SS, Fisher OZ, Khademhosseini A, Peppas NA. Hydrogele in der regenerativen Medizin. *Adv Mater* **2009**;21:3307-29.

[51] Peppas NA, Hilt JZ, Khademhosseini A, Langer R. Hydrogels in biology and medicine: from molecular principles to bionanotechnology. *Adv Mater* **2006**;18:1345-60.

[52] Bajpai SK, Bajpai M, Sharma L. Prolonged gastric delivery of vitamin b2 from a floating drug delivery system: An in vitro study. *Iran Polym J* **2007**;16:521-7.

[53] Russell SM, Carta G. Mesh Size of Charged Polyacrylamide Hydrogels from Partitioning Measurements. *Ind Eng Chem Res* **2005**;44:8213-7.

[54] Shalviri A, Liu Q, Abdekhodaie MJ, Wu XY. Neuartige modifizierte Stärke-Xanthangummi-Hydrogele für die kontrollierte Abgabe von Medikamenten: Synthese und Charakterisierung. *Carbohydr Polym* **2010**;79:898-907.

[55] Carvajal-Millan E, Landillon V, Morel MH, Rouau X, Doublier JL, Micard V. Arabinoxylan gels: Einfluss des Feruloylierungsgrades auf ihre Struktur und Eigenschaften. *Biomacromolecules* **2005**;6:309-17.

[56] Datta A. Characterization of polyethylene glycol hydrogels for biomedical applications; A Thesis. B.E. Universität von Pune: Indien, **2005**.

[57] Ganji F, Vasheghani-Farahani S, Vasheghani-Farahani E. Theoretical Description of Hydrogel Swelling: A Review. *Iran Polym J* **2010**;19:375-98.

[58] Lustig SR, Peppas NA. Solute diffusion in swollen membranes. IX. Scaling laws for solute diffusion in gels. *J Appl Polym Sci* **1988**;36:735-47.

[59] Reinhart CT, Peppas NA. Solute diffusion in swollen membranes. Part II. Influence of crosslinking on diffusive properties. *J Memb Sci* **1984**;18:227-39.

[60] Stringer JL, Peppas NA. Diffusion von Arzneimitteln mit kleinem Molekulargewicht in strahlenvernetzten Poly(ethylenoxid)-Hydrogelen. *J Contr Rel* **1996**;42:195-202.

[67] Atta AM, Abdel-Azim AAA. Auswirkung der Vernetzerfunktionalität auf Quellungs- und Netzwerkparameter von copolymeren Hydrogelen. *Polym Adv Technol* **1998**;9:340-8.

[62] Xue W, Huglin MB, Liao B. Network and thermodynamic properties of hydrogels of poly[1-(3-sulfopropyl)-2-vinyl-pyridinium-betaine]. *Eur Polym J* **2007**;43:4355-70.

[63] Hart BR, Shea KJ. Molecular Imprinting für die Erkennung von N-terminalen Histidinpeptiden in wässriger Lösung. *Macromolecules* **2002**;35:6192-201.

[64] Noureen S, Noreen S, Ghumman SA, Abdelrahman EA, Batool F, Aslam A, Mehdi M, Shirinfar B, Ahmed N. A novel pH-responsive hydrogel system based on Prunus armeniaca gum and acrylic acid: Herstellung und Bewertung als potenzieller Kandidat für die kontrollierte Abgabe von Medikamenten. *Eur J Pharm Sci* **2023**;189:106555.

Kapitel 4

Faktoren, die die Netzwerkparameter von Hydrogelen beeinflussen

Die 3D-vernetzten Struktureigenschaften und Netzwerkparameter von Hydrogelen sind stark abhängig von der Art der Vernetzung (kovalent oder ionisch), den Polymerisationstechniken (chemisch oder durch Bestrahlung), den synthetischen Reaktionsparametern (Monomer-, Vernetzer-, Initiator- und Zusatzstoffkonzentration) und der Art des verwendeten Quellmediums (Temperatur, pH-Wert und Salzgehalt).

4.1 Einfluss der Polymerisationsbedingungen

Die Polymerisationsgeschwindigkeit hängt von den Polymerisationsbedingungen ab und hat einen großen Einfluss auf die Netzwerkeigenschaften (Vernetzungsdichte und Porengröße) von Hydrogelen [1,2], die Zerfallsgeschwindigkeit des Gel-Netzwerks und die Freisetzungsgeschwindigkeit eines eingeschlossenen Medikaments aus den medikamentenbeladenen Hydrogelen. Bei Hydrogelen, die mit weniger Wasser während der Polymerisation synthetisiert wurden, wurde beispielsweise eine Abnahme des ξ-Wertes (Maschengröße) festgestellt, während bei einem höheren Lösungsmittelgehalt ein umgekehrter Trend beobachtet wurde [3-5]. Die Reaktionsbedingungen wie die Konzentration des Initiators, der Monomere, des Vernetzers und der Zusatzstoffe (Weichmacher) sowie die Zeit und die Temperatur während der Polymerisationsreaktion beeinflussen die Netzwerkdichte der Hydrogele [1]. Diese Parameter haben Einfluss auf die Dichte des Polymernetzwerks und damit auf das Quellverhalten des Gels, das die Voraussetzung für die biomedizinische Verwendung von Hydrogelen ist [6-9]. Die Temperatur der Polymerisation beeinflusst die Reaktivität der verschiedenen Molekülteile in der Reaktionsmischung und wirkt sich auf die Initiierungs-, Ausbreitungs- und Abbruchraten der freien Radikale aus, die sich am Rückgrat, am Vernetzer und am Monomer bilden [10-12]. Die Dissoziationsrate des Initiators für freie Radikale steigt mit der Reaktionstemperatur, wodurch sich die Geschwindigkeit der Polymerisationsausbreitung und -beendigung durch Radikalkopplung erhöht. Die Erhöhung der Initiatorkonzentration während der Polymerisationsreaktionen übt einen synergetischen Effekt auf die Quellung der Hydrogele aus. Dies ist auf die Abnahme des Molekulargewichts der Polymerketten und deren hohe Netzwerkunvollkommenheiten zurückzuführen.

Die Erhöhung des Polysaccharidgehalts im Reaktionssystem hat das Verhältnis von Rückgrat zu Monomer und Vernetzer erhöht und zur Bildung eines Netzwerks mit geringer Vernetzungsdichte sowie zu einer erhöhten Quellung der Hydrogele geführt. Auch die Art des Quellmediums hat die Quellung der Polymernetzwerke beeinflusst. Die Quellung der ionischen Hydrogele auf der Basis von Acrylsäure- und Acrylamidmonomeren wurde in einem Puffer mit einem pH-Wert von 7,4 im Vergleich zu einem Puffer mit einem pH-Wert von 2,2 stärker beobachtet, und es wurde festgestellt, dass diese Hydrogele auf den pH-Wert reagieren und somit für die Entwicklung von ortsspezifischen DD-Systemen genutzt werden könnten.

4.2 Einfluss der Initiatorkonzentration

Bei der Pfropfung und Vernetzung von Vinylmonomeren auf Polysaccharide nimmt die kinetische Kettenlänge mit zunehmender Konzentration des Initiators im Reaktionssystem ab. Dies hat einen direkten Einfluss auf das Molekulargewicht des Polymers. Im Allgemeinen steigt der Prozentsatz der Pfropfung mit zunehmender Initiatorkonzentration bis zu einem optimalen Wert, danach nimmt er ab [13]. Freie Radikale werden durch die thermische/photochemische Zersetzung von APS (Initiator) im Polymerisationsmedium erzeugt, um die wachsenden Polymerketten zu initiieren, zu vermehren und abzubrechen. Durch die Erhöhung des [Initiators] wurde die Wahrscheinlichkeit der H-Abstraktion vom Makromolekül erhöht, und die Kettenübertragungsreaktion zwischen der Copolymerkette und dem Stammgerüst führte zu einem Anstieg der Pfropfausbeute [13]. In ähnlicher Weise wurde die Wasseraufnahmekapazität durch die Konzentration des Initiators Ammoniumpersulfat (APS) beeinflusst [14], und der Initiator wirkte sich auch auf die Gelfestigkeit des gepfropften Hydrogels auf Polysaccharidbasis aus [15]. Die Erhöhung der Initiatorkonzentration erhöhte die Polymerisationsrate und es bildeten sich stärkere Polymernetzwerke mit kleinerer Maschengröße und höherer Netzwerkdichte [16]. Die Pfropfung in Kombination mit der Vernetzung verringerte das Quellungsverhältnis mit steigendem Initiatorgehalt aufgrund der Abnahme der Porengröße, die durch Polymerketten mit geringerem Molekulargewicht gebildet wurde, die den freien Raum innerhalb der Polymernetzwerkstruktur einschränkten [17]. Chung und Mitarbeiter [16] haben herausgefunden, dass die Netzwerkeigenschaften von den Polymerisationsbedingungen einschließlich der Initiatorkonzentration abhängen und dass weitere Veränderungen der Netzwerkeigenschaften die Freisetzungsprofile der eingeschlossenen Arzneimittel oder Proteine beeinflussen. Sie berichteten über eine Abnahme der Werte von $\overline{M}_c$ (von 33,5±6,9 auf 18,9±2,1 kg/mol) und ξ (von 25,7±5,3 auf 17,3±1,9 nm) sowie über eine Zunahme von $\phi_{2,s}$ (von 0,13 auf 0,18) und ρ (von 3,3±0,2 auf 6,1±0.7×10^{-5} mol/cm^3) von Dextran-Hydroxy-Ethyl-Methacrylat (HEMA)-Hydrogelen mit steigender Konzentration des Initiators Kaliumpersulfat (KPS) (0,2 bis 4,9 m mol/L) während ihrer Synthese bei 37° C. In einer Studie nahm das Quellungsverhältnis zunächst mit steigender [Initiator]-Konzentration zu, was auf eine erhöhte Anzahl aktiver freier Radikale am Rückgrat zurückzuführen ist. Danach verringerte sich die Quellung mit weiterem Anstieg der [Initiator]-Zufuhr, was auf eine

Zunahme der abschließenden Schrittreaktion durch bimolekulare Kollisionen zurückzuführen war, die wiederum zu einer Erhöhung der Vernetzungsdichte führte [18,19]. Darüber hinaus ist die durch freie Radikale initiierte Polymerisation auch für den Rückgang des Quellungsverhältnisses bei höheren KPS-Konzentrationen verantwortlich [20,21]. Der Anstieg der Initiatorkonzentration in der Reaktionsmischung führt zu einer Verringerung der Maschen-/Porengröße im Gel-Netzwerk und zu einer geringeren Quellung des Hydrogels. Mit steigender [Initiator]-Konzentration in der Polymer-Reaktionsmischung stieg die Initiierungs- und Abbruchrate, und eine große Anzahl von Ketten wurde initiiert und abgebrochen, wodurch ein Netzwerk mit hoher Netzwerkdichte gebildet und die Maschengröße des resultierenden Hydrogels verringert wurde [17,22,23].

4.3 Auswirkung der Konzentration von Monomer und Backbone

Die Monomerkonzentration während der Hydrogelsynthese beeinflusst die Strukturparameter der Polymernetzwerke. Tatsächlich verändert sie das Verhältnis von Rückgrat zu Monomer, das direkt die Netzwerkdichte der Hydrogele bestimmt. $\overline{M_c}$ von P(2-Diethylaminoethylacrylat-co-HEMA)-Hydrogelen, die mit einem Vernetzer-Verhältnis von 0,001 mol/mol synthetisiert wurden, wurde von 8540 auf 10110 g/mol erhöht, als die DEAEA (2-Diethylaminoethylacrylat)-Zufuhr während der Polymerisation von 10 auf 30 mol% erhöht wurde [24]. In einer Studie wurden der Polymervolumenanteil ($\phi_{2,s}$) und die Vernetzungsdichte verringert, während die $\overline{M_c}$ Werte mit steigender AAc-Konzentration während der Synthese von copolymeren Hydrogelen erhöht wurden [25]. Dieser oben erwähnte Trend ist auf das Vorhandensein von hydrophiler Polyacrylsäure (AAc) zurückzuführen, die sich stärker mit den Lösungsmittelmolekülen verbindet und die Hydrogele stärker ausdehnt, was bei der Synthese von Hydrogelen mit steigender [AAc]-

Konzentration zu geringeren ρ -Werten und höheren $\overline{M}_c$ -Werten führt. In einem anderen Beispiel für die Auswirkung von Monomeren auf die Netzwerkstruktur, $\overline{M}_c$ von Poly(N-Isopropylacrylamid-co-2-Acrylamido-2-Methylpropansulfonsäure), d.h. P(*NIPAM-co-AMPS*)-Hydrogelen, sinkt das Gewicht von 120000 g/mol auf 14000 g/mol, wenn der Molanteil von AMPS von 2,5 auf 7,5 erhöht wird [26]. In ähnlicher Weise sanken mit steigender Konzentration von Maleinsäure in der AAm/Maleinsäure-Polymermatrix sowohl die Werte von $\overline{M}_c$ als auch χ_1 [27]. Das Gleichgewichtsquellverhältnis (Qv), $\overline{M}_c$ und die ξ-Werte von Poly(vinyl-alkohol)/Polyacrylsäure (PVA/PAAc)-Gelen stiegen mit der Erhöhung der hydrophilen Acrylsäurekonzentration während ihrer Synthese [28]. Der ξ-Wert von PAAm (Acrylamid)/TA (Weinsäure)-Hydrogelen stieg von 148 auf 520 Å, wenn der Weinsäuregehalt in der Polymerreaktionsmischung bei einer Bestrahlungsdosis von 2,60 kGy von 0 auf 60 mg erhöht wurde [29]. Sowohl die $\overline{M}_c$ - als auch die χ_1 -Werte stiegen mit zunehmender Maleinsäurekonzentration in P(NIPAM-co-Maleinsäure)-Hydrogelen [30]. Das Vorhandensein eines Medikaments während der Vernetzungsreaktion hatte keinen wesentlichen Einfluss auf die Polymerisationsreaktion oder die Organisation der Ketten während der Reaktion, und die Größe des Durcheinanders blieb gleich. Allerdings gab es einen Unterschied in der Größe der Masse von Homopolymeren und gepfropften Polymeren. Die ξ (Poren-/Maschengröße) von P(HEMA-g-NIPAM) war im Vergleich zu P(HEMA) allein größer. Dieser Unterschied in der Maschengröße könnte auf das Vorhandensein von NIPAM-Oligomeren während der Bildung des Polymernetzwerks zurückzuführen sein, die während des Vernetzungsprozesses sterische Hindernisse hervorrufen und zu einem Polymernetzwerk mit größerer Poren-/Maschengröße führen [31].

Die $\overline{M}_c$ (durchschnittliches Molekulargewicht) und die Maschenweite ξ von Guarkernmehl (GG) / PAAc Semi-IPN-Hydrogelen nahmen mit steigender GG- und AAc-Konzentration ab, bei gleichzeitigem Anstieg der ρ -Werte (Vernetzungsdichte) [32]. Die Zufuhr [GG] wurde von 5 g/L bis 25 g/L und [AAc] von 125 g/L bis 375 g/L variiert, um den Einfluss der Monomerkonzentration auf die Netzwerkstruktur und die Quellungseigenschaften von Hydrogelen zu untersuchen. Aufgrund der intermolekularen H-Bindung zwischen zwei Monomeren kommt es zu einer strukturellen Komplexierung, die die H-Bindungsfähigkeit des hydrophilen Copolymers mit Wasser beeinträchtigen kann. Mit zunehmender [Monomer]-Zahl bildeten sich dichtere vernetzte Netzwerke, die zusammen mit dem Phänomen der Relaxation der Polymerkette die Eindiffusionsgeschwindigkeit von Wasser weiter verringerten [32]. Die Erhöhung des Gehalts an Tragantgummi (TG) von 2 auf 3,6 % (w/v) im polymeren Reaktionssystem führte zu einer viskoseren Reaktionsmischung und zur Bildung einer dichteren Netzwerkstruktur mit reduzierter Porengröße und $\overline{M}_c$ Werten von Gummi-Akazien-TG-PAAm-Hydrogelen [33].

Darüber hinaus spielt die relative Menge an hydrophoben und hydrophilen Monomeren in den copolymeren Hydrogelen eine sehr wichtige Rolle bei der Definition der dreidimensionalen Netzwerkstrukturen der Polymere. Zhihui und Mitarbeiter [34] haben durch freie Radikale initiierte Copolymere unter Verwendung von Allylphenylsulfon und HEMA als hydrophobe bzw. hydrophile Komponenten hergestellt. Eine Erhöhung der hydrophoben Monomerkonzentration innerhalb der Copolymere führte zu einem Anstieg von , $\phi_{2,s}$ ρ und χ_1 und zu einem Rückgang von $\overline{M}_c$ und dem Gleichgewichtsquellverhältnis (Q_v). Die Erhöhung der hydrophoben Komponente während der Synthese führt zu einer Verringerung der Polymer-Wasser-Wechselwirkungen und einer Zunahme der Wechselwirkungen zwischen den Polymerketten und zwischen den hydrophoben Gruppen. Der Wert von χ_1 , d.h. der Parameter für die Wechselwirkung zwischen Polymer und Lösungsmittel, stieg mit zunehmendem Anteil an hydrophoben Komponenten (Allylphenylsulfon) von 0,81 auf 0,99, was die schwächere thermodynamische Wechselwirkung zwischen Polymer und Wasser mit einer Zunahme der Wechselwirkungen zwischen hydrophoben Gruppen und Polymerketten widerspiegelt. Folglich verbessert sich die Netto-Vernetzungsdichte innerhalb des Hydrogels mit der Änderung der relativen Monomerkonzentration der copolymeren Netzwerke [35,36]. In einer Studie wurden die P(AAm-co-AAc)-Hydrogele durch Variation des AAm-Gehalts synthetisiert. Das Quellverhalten von P(AAm-co-AAc)-Hydrogelen wurde durch Veränderung des AAm-Gehalts in den Hydrogelen deutlich verändert [37]. Die dichteren Netzwerke schränken das Eindringen von Wasser in die Gelstruktur ein und führen zu einer geringeren Quellfähigkeit und Wasserhaltekapazität der Hydrogele [38]. Die Vernetzungsdichte wurde von 6,58 $\times 10^{-10}$ auf 9,62 $\times 10^{-10}$ erhöht, wobei die Wasseraufnahmefähigkeit von 573-276 g Wasser/g Probe abnahm. Mit einer Erhöhung der [AAm] der copolymeren Hydrogele sinkt auch das durchschnittliche Molekulargewicht zwischen zwei Vernetzungen ($\overline{M_c}$) [39]. Es ist bekannt, dass ein Anstieg von $\overline{M_c}$ mit einem Anstieg des Quellungsverhältnisses einhergeht [40].

Die Maschengröße von Hydrogelen auf Tragant-Poly(AAc)-Basis nahm zunächst zu und dann ab, je höher die AAc-Konzentration im Futter war [41]. Die Maschengröße von Hydrogelen auf Basis von Psyllium wurde mit steigender Konzentration des hydrophilen Monomers 2-Methacryloyloxyethyltrimethylammoniumchlorid (METAC) während der Pfropfcopolymerisationsreaktion von 16 auf 25 nm erhöht [42]. Mit der

Erhöhung der Konzentration des Monomers Bis[2-(methacryloyloxy)ethyl]phosphat (BMEP) von 0,04 auf 0,199 mol/L während der strahlungsinduzierten Pfropfung von Psyllium kommt es zu einer Zunahme der Maschengröße (von 70,619 auf 189,476 nm) und einer Abnahme der Vernetzungsdichte (von 9,18 auf $0{,}96\times1o^{6}$ mol/cm^{3}) aufgrund der Zunahme der Hydrophilie und der Quellung der Hydrogelmatrix [43]. Strahlungsinduzierte gepfropfte copolymerisierte Moringagummi-Poly(N-Vinylimidazol)-Hydrogele [d.h. P(VIm)] auf Basis von P(VIm) zeigten einen Anstieg der ρ-Werte (von 14,8 auf 28,2 $\times10^{5}$) und einen Rückgang der $\overline{M_c}$ -Werte (von 7006,54 auf 2850,93 g/mol) mit steigendem Gehalt an Ausgangsmonomeren [VIm] (von 0,109 auf 0,547 mol/L), was auf eine Zunahme der Vernetzungsdichte des gepfropften Produkts mit höherem Monomergehalt zurückzuführen ist [44].

4.4 Einfluss der Vernetzerkonzentration

Vernetzer sind multifunktionelle Moleküle mit mindestens zwei reaktiven funktionellen Gruppen/Gruppen, die bei Pfropf- und Copolymerisationsreaktionen Brücken zwischen Polymerketten bilden können [45]. Die Konzentration der Vernetzer definiert die dreidimensionale (3D) Vernetzung in der chemischen Architektur von Hydrogelen. Die Rolle der Vernetzer besteht darin, (kovalente oder ionische) Verbindungen zwischen verschiedenen Polymerketten herzustellen, so dass sie 3D-Netzwerke bilden können, die nach der Gleichgewichtsquellung intakt bleiben. Diese mehrdimensionalen Netzwerke waren für verschiedene biomedizinische und industrielle Anwendungen von Netzwerk-Hydrogelen verantwortlich. Hydrogele wurden durch synchronisierte chemische oder physikalische Vernetzung, Pfropfung und Copolymerisation von einem oder mehreren multi-/monofunktionellen Monomeren in Lösung hergestellt. Letzteres umfasst zwei Schritte, wobei im ersten Schritt das lineare Polymer ohne Vernetzungsmittel synthetisiert wird und im zweiten

Schritt das synthetisierte Polymer durch Bestrahlung oder chemische Reagenzien vernetzt wird [46,47]. Es wurde eine Korrelation zwischen der Größe der porösen Struktur (Mesh) des gequollenen, vernetzten Netzwerks und dem ϕ Wert der isothermisch gequollenen Hydrogele bis zu verschiedenen Quellungsstadien gefunden [48]. Die Bewertung und Untersuchung der Diffusionsphänomene, die beobachtet werden, wenn gelöste Stoffe wie Arzneimittel oder große bioaktive Moleküle durch polymere Systeme transportiert werden, erfordert ein Verständnis der Diffusionsbarrieren aufgrund der topologischen Verteilung der Polymerketten im Raum.

Die Konzentration und die Funktionalitäten des Vernetzers haben einen Einfluss auf die vernetzte Anordnung der Hydrogele [49,50]. Eine Erhöhung der Vernetzermenge während der Hydrogelsynthese führt zu einer Abnahme von $\overline{M}_c$ und Q_v und einer Erhöhung der Vernetzungsdichte (ρ) des gequollenen Hydrogels [51]. Li und Mitarbeiter [32] berichteten über eine Abnahme der $\overline{M}_c$ und ξ-Werte und einen Anstieg der (ρ) -Werte mit zunehmender Menge des Vernetzers in GG/PAAc-Hydrogelen. Lu und Anseth [52] haben die Wirkung von Diethylenglykoldimethacrylat (Vernetzer) auf die Quellung von P(HEMA)-Hydrogelen durch Bestimmung verschiedener Netzwerkparameter veranschaulicht. Die Maschenweite und $\overline{M}_c$ verringerten sich von 82 auf 31 Å bzw. von 16,5 auf $3{,}80\times10^{-3}$ g/mol, wenn die Konzentration des Vernetzers von 0,25 auf 2,0 Mol-% geändert wurde. Die Auswirkungen der Erhöhung der Konzentration verschiedener Vernetzer während der Synthese verschiedener Hydrogele auf verschiedene Netzwerkparameter sind in Tabelle 1 dargestellt. Fast in jedem Fall kommt es zu einer Abnahme der Werte von $\overline{M}_c$, ξ und einer Zunahme der Werte von $\phi_{2,s}$, ρ , χ_1 bei einer Erhöhung der Vernetzerkonzentration während der Hydrogelsynthese.

Die Diffusion wird auch durch die Art und Funktionalität des für die Polymerisation verwendeten Vernetzers beeinflusst. Die chemische Bindung und das Ausmaß der Verbrückung der Polymerketten durch den Vernetzer beeinflussen die Porosität, die Wasseraufnahme und die Diffusionsgeschwindigkeit des Arzneimittels [53]. Schwach vernetzte Polymersysteme bilden ausgezeichnete adsorbierende Polymergele, in denen die Vernetzung zu einem Kontinuum von freiem Wasser geführt hat [54]. Mit zunehmendem ρ Wert des Netzwerk-Hydrogels verringerte sich das Ausmaß der Quellung und die Größe der Maschen/Poren [55]. Die Auswirkung der vernetzten Struktur von PVA-Netzwerken auf die Diffusion von eingekapselten Arzneimitteln wurde anhand des Permeabilitätskoeffizienten erklärt: Je stärker das Netzwerk vernetzt ist, d. h. je geringer $\overline{M}_c$ ist, desto geringer ist die Permeabilität für Arzneimittel. Die Diffusionsgeschwindigkeit von Medikamenten aus polymerbasierten Formulierungen wurde eng mit der Molekülgröße des geladenen Medikaments, dem Porendurchmesser, $\overline{M}_c$ und der Quellungsrate gleichzeitig korreliert. Die Diffusionsgeschwindigkeit von größeren Vitamin-B-Molekülen$_{12}$ war langsamer als die von Salicylsäure [50]. Die Abnahme der Quellung nach einer bestimmten Vernetzerkonzentration wird darauf zurückgeführt, dass mit zunehmender Vernetzungsdichte im Hydrogel die durchschnittlichen $\overline{M}_c$ Werte sinken und dadurch die freien Volumina, die für die Lösungsmittelpenetration zugänglich sind, eingeschränkt werden. Bei einem höheren Gehalt an Vernetzer (MBA) führen die unflexiblen Polymerketten der Hydrogel-Netzwerkstruktur zu einer geringeren Wasseraufnahme, und das Hydrogel scheint mit einem kleinen Quellungsverhältnis im Gleichgewicht zu sein [56]. Mit der Erhöhung der Vernetzerkonzentration von 0,13 auf 0,39 mM in PAAm-Ketten und Carboxymethylcellulose (CMC)-Hydrogelen änderte sich das durchschnittliche Molekulargewicht $\overline{M}_c$ von $7{,}18\times10^5$ $1{,}8\times10^5$, die Vernetzungsdichte (ρ) von 9,8 auf 39,4

$\times 10^{-5}$ und das Quellverhältnis von 92,6 auf 42,2 des Hydrogels [17]. Singh und Mitarbeiter [67,57-59] haben die Auswirkung der Zusammensetzung von Hydrogelen auf die Netzwerkdichte beobachtet, was sich in den Ergebnissen der Quellungsstudien widerspiegelt. Die Erhöhung der Monomer- und Vernetzerkonzentration während der Polymerisationsreaktion hat die Netzwerkdichte erhöht, was die Quellung des Hydrogels verringert hat. Im Fall von Sterkulia-Cl-Poly(vinylsulfonsäure), d.h. P(VSA)-Hydrogelen, stieg die Porengröße zunächst bis zur optimalen Porengröße an, danach nahm sie mit steigender [MBA]-Vernetzerkonzentration aufgrund der steigenden Polymervernetzungsdichte regelmäßig ab [60]. Die Auswirkungen der Vernetzerkonzentration auf die Netzwerkparameter von Hydrogelen wurden in verschiedenen Forschungsberichten beschrieben und sind in Tabelle 1 aufgeführt.

Tabelle 1: Auswirkungen der Vernetzerkonzentration auf die Netzwerkparameter von Hydrogelen.

Polymer/ Hydrogele	**Vernetzer**	**Auswirkung einer Erhöhung der Vernetzerkonzentration auf die Netzwerkparameter**					**Ref**
		Volumenanteil ( ) $\phi_{2,s}$	χ_1 **Werte**	$\overline{M}_c$ **Werte**	**Masche Größe (ξ)**	**Quervernbindung Dichte** (ρ)	
GG/PAAc	MBA	erhöht	-	verringert	verringert	erhöht	[32]
P(HEMA)	Diethylenglykol-Dimethacrylat	erhöht	-	verringert	verringert	-	[52]
P(MAAm-co-MAAc)	MBA	erhöht	-	verringert	verringert	erhöht	[1]
P(NIPAM-co-AAc)	Glyoxal bis(Diallylacetal) und MBA	erhöht	erhöht	verringert	_	erhöht	[61]
Vernetztes GG	Glutaraldehyd	erhöht	-	verringert	-	erhöht	[62]

P(AAm-co-AAc)	MBA	erhöht	Geringfügig erhöht	verringert	verringert	erhöht	[63]
NVP-BA-Hydrogele	MBA und TPT	erhöht	erhöht	verringert	-	erhöht	[49]
CEMA/ODA-Copolymere	MA und MM	erhöht	erhöht	verringert	-	erhöht	[64]
PAAm	MBA	-	-	verringert	verringert	erhöht	[65]
Stärke-Xanthangummi-Hydrogele	Natriumtrimetaphosphat	-	-	-	erhöht	-	[66]
HPMC-PEG	PEG	-	-	verringert	-	-	[67]
Poly(methylvinylether-co-maleinsäure)	PEG	erhöht	Nahezu gleich	verringert	_	erhöht	[68]
PVA	Maleinsäure	erhöht	-	verringert	-	erhöht	[50]
P(DMAEMA-co-NVP)	Ethylenglykol-Dimethacrylat	erhöht	erhöht	verringert	-	-	[69]
CMC-g-PAAm	MBA	-	-	verringert	-	erhöht	[17]
PVA/P(AAc)	Glutaraldehyd	erhöht	-	verringert	verringert	-	[70]
P(DEAEA/*DEAEM-co-HEMA*)	Ethylenglykol-Dimethacrylat	erhöht	erhöht	verringert	-	-	[24]
P[1-(3-Sulfopropyl)-2-vinyl-pyridinium-betain]	MBA	-	erhöht	verringert	-	erhöht	[71]
PVA	Glutaraldehyd	erhöht	-	verringert	-	-	[72]
AAm/DMAEMA/MBA	MBA	-	-	verringert	-	erhöht	[51]

PVA	Glutaraldehyd	erhöht	-	verringert	verringert	-	[48]
Arabinoxylan-Gele	Ferulasäure	-	-	verringert	verringert	erhöht	[73]
Psyllium-cl-P(METAC)	MBA	erhöht	erhöht	verringert	verringert	erhöht	[42]
TG-cl-P(AAc)	MBA	erhöht	Unregelmäßig	verringert	verringert	erhöht	[41]
GA-TG-cl-P(VIm)	MBA	Unregelmäßig	erhöht	verringert	verringert	erhöht	[57]
PAAm	MBA	erhöht	erhöht	-	-	-	[74]
AIG-cl-PVP	MBA	Unregelmäßig	Unregelmäßig	verringert	verringert	Unregelmäßig	[75]
P(*DEAEM-g-PEG*)	Tetraethylen Glykoldimethacrylat	erhöht	-	verringert	verringert	-	[76]
(AAm/HEMA/MBA/Wasser)	MBA	erhöht	erhöht	verringert	verringert	erhöht	[77]
Polyampholytische Gelatine	Glutaraldehyd	-	erhöht	verringert	verringert	-	[78]
Amorphe PVA-Netze	Glutaraldehyd	erhöht	-	verringert	verringert	-	[79]
PAAc und PMAAc	MBA	erhöht	-	verringert	-	erhöht	[80]
AIG-cl-P(AAm)	MBA	erhöht	erhöht	verringert	verringert	erhöht	[81]

Tabelle Abkürzungen: AAc = Acrylsäure, Azadiracta indica gum = AIG, AAm = Acrylamid, BA = Butylacrylat, CEMA = Cinnamoyloxyethylmethacrylat, CMC = Carboxymethylcellulose, *cl* = vernetzt, *co* = Copolymerisation, DMAEMA = N,N-Dimethylaminoethylmethacrylat, DEAEM = 2-Diethylaminoethylmethacrylat, DEAEA = 2-Diethylaminoethylacrylat, GG = Guarkernmehl, GA = Gummi arabicum, *g* = Pfropfung, HEMA = Hydroxyethylmethacrylat, HPMC = Hydroxypropylmethylcellulose, MAAm = Methacrylamid, MAAc = Methacrylsäure, METAC = 2-Methacryloyloxyethyltrimethylammoniumchlorid, MA = N,N,'N''-Trisacryloyl-Melamin, MM = N,N,'N''-Trismethacryloyl-Melamin, MBA = N,N'-Methylenbisacrylamid, NIPAM = N-Isopropylacrylamid, NVP = N-Vinyl-2-pyrrolidon, ODA = Octadecylacrylat, PVP = Polyvinylpyrollidon, PVA = Poly(vinylalkohol), P = Poly, PEG = Poly(ethylenglykol), Ref =

Referenzen, TG = Tragantgummi, TPT = 1,1,1-Trimethylol-Propantrimeth-Acrylat, VSA = Vinylsulfonsäure, VIm = N-Vinylimidazol.

4.5 Auswirkungen der Strahlendosis

Durch Strahlung ausgelöste Reaktionen sind für die Pfropfung, Vernetzung und Spaltung der Polymere verantwortlich [82-85]. Vernetzung und Abbau sind zwei konkurrierende Prozesse, die unter Strahlung immer nebeneinander ablaufen. Die Gesamtwirkung hängt davon ab, welcher der beiden Prozesse zu einem bestimmten Zeitpunkt vorherrscht. Die Vernetzung ist die wichtigste Auswirkung der Polymerbestrahlung und findet in vielen Bereichen Anwendung, da sie in der Regel die mechanischen und thermischen Eigenschaften sowie die Umwelt- und Strahlungsstabilität sowohl von vorgeformten Teilen als auch von Massenmaterialien verbessern kann [86-91]. Die Netzwerkparameter von strahlenvernetzten Hydrogelen werden durch die verwendete Strahlendosis beeinflusst [92]. Mit zunehmender absorbierter Dosis verringert sich die Anzahl der kleinen Ketten. Daher haben Hydrogele, die höheren Dosen ausgesetzt waren, eine höhere Vernetzungsdichte als Hydrogele, die niedrigeren Dosen ausgesetzt waren. Dies bedeutet, dass eine hohe Menge an absorbierter Dosis die durchschnittliche molare Masse zwischen den Vernetzungen verringert, während eine niedrige Menge an absorbierter Dosis die durchschnittliche molare Masse zwischen den Vernetzungen erhöht [74,93-95].

Karadag und Mitarbeiter [96] beobachteten eine Abnahme von $\overline{M_c}$ (33700 bis 22100 g/mol) und der Maschengröße (188 bis 145Å) von Acrylamid/Zitronensäure (AAm/CAc) Hydrogelen, die mit einem CAc-Gehalt von 20 mg hergestellt wurden, bei einer Erhöhung der Strahlendosis von 2,60 auf 5,20 kGy während der Synthese der Hydrogele. In ähnlicher Weise kommt es bei der Erhöhung der Strahlendosis von 2,60 auf 5,71 kGy während der Synthese von AAm/TA(Weinsäure)-Hydrogelen zu einer Abnahme von $\overline{M}_c$, der Maschengröße und einer Zunahme der Vernetzungsdichte der Hydrogele [29]. Die $\overline{M}_c$ Werte von 10%iger (w/w) PAAc-Lösung sanken (34600 bis 5700 g/mol) mit steigender Strahlendosis (5 bis 25 kGy) während der Synthese von Hydrogelen [97]. In einer Studie wurde ein Anstieg der Werte von $\phi_{2,s}$ (0,049 bis 0,116) und eine Abnahme der Werte von $\overline{M}_c$ (3400 bis 1775) und ξ (148 bis 82Å) von PVA-Hydrogelen (5%ige PVA-Lösung, vernetzt bei 30° C) bei einer Erhöhung der Strahlendosis von 3 bis 15 M Rad festgestellt [48]. Die Werte von $\overline{M}_c$ und ξ für74 Graphenoxid (GO) imprägnierte Sterculia-cl-Carbopol-Hydrogele, sanken zuerst und stiegen dann mit der Erhöhung der Strahlendosis von 12,2 kGy auf 48,8 kGy [98].

Singh und Mitarbeiter [99] beobachteten, dass die Netzwerkparameter von zwitterionischen Copolymeren aus Psyllium durch die Veränderung der Strahlendosis während der Polymerisationsreaktion beeinflusst wurden. Die Maschenweite verringerte sich von 529,33 auf 87,94 nm bei einer Erhöhung der Strahlendosis von 4,99 auf 24,95 kGy [99]. Der Polymer-Volumenanteil ($\phi_{2,s}$) und die Vernetzungsdichte ((ρ)) von Hydrogelen auf Sterkula-PVP-Basis nahmen mit steigender Strahlendosis von 8,1 bis 40,5 kGy regelmäßig zu, was auf eine regelmäßige Abnahme der Wasseraufnahme von Hydrogelen mit steigender Strahlendosis zurückzuführen sein könnte. Die Werte des Flory-Huggins-Wechselwirkungsparameters ( ) sind kleiner als 0,5, was bedeutet, dass eine gute Wechselwirkung zwischen Polymer und Wasser besteht. Andererseits wurde eine Abnahme der $\overline{M}_c$ -Werte und der entsprechenden Maschengröße mit zunehmender Strahlendosis beobachtet [100]. Im Fall von Moringagummi-Cl-P(Aac)-Hydrogel steigt die Vernetzungsdichte der polymeren Netzwerke (von 3,59 auf $199{,}6 \times 10^5$ mol/cm^3) mit der Erhöhung der Gesamtbestrahlungsdosis von 14,65 auf 43,93 kGy bei gleichzeitiger Abnahme der Porengröße (von 44,50 auf 2,15 nm) des gequollenen Hydrogels [101].

4.6 Wirkung von Zusatzstoffen

Der Zusatz einiger Additive wie Weichmacher und Porogene während der Synthese von Hydrogelen beeinflusst die Netzwerkparameter eines Hydrogels. Der Zusatz von Weichmachern zu einem Polymer führt zu einer Erhöhung der segmentalen Mobilität der Polymerketten, was den Transport gelöster Stoffe, die Porengröße und die mechanischen Eigenschaften (Flexibilität und Zugfestigkeit) weiter erhöht und die Glasübergangstemperatur von Hydrogelen verringert [102-105]. Nicht nur die Art des Weichmachers, sondern auch das Molekulargewicht des Weichmachers wirkt sich auf die Netzwerkparameter des Gels aus. PEG mit höherem Molekulargewicht haben eine größere Kettenlänge und bilden Hydrogelnetzwerke mit geringerer Vernetzungsdichte und höherem durchschnittlichen Molekulargewicht zwischen zwei aufeinanderfolgenden Vernetzungen, d.h. $\overline{M}_c$ Werte, während PEG mit niedrigem Molekulargewicht starre Netzwerke mit hoher Vernetzungsdichte und daher geringere Quellungsraten und Porengröße aufweisen [68,106]. Novikov und Mitarbeiter [107] berichteten über eine Zunahme der Maschengröße von Cellulosetriacetatfilmen (ξ = 42 nm) bei Zugabe von Dibutylphthalat (ξ = 51 nm) und Triphenylphosphat (ξ = 53 nm) als Weichmacher. Die Porosität von superporösen Hydrogelen wird durch die Konzentration von Gastreibmitteln wie $NaHCO_3$ gesteuert [108,109]. In einer Studie wurde die Porosität von Poly(propylenfumarat-co-ethylenglykol)-Hydrogelen von 0,66±0,03 auf 0,84±0,02 erhöht, wenn die Konzentration von $NaHCO_3$ (30 bis 90 mg/mL) und L-Ascorbinsäure (0,05 bis 0,1 M) während der Synthese von Hydrogelen erhöht wurde [110]. Mit Erhöhung des75 Graphenoxid (GO)-Gehalts in Copolymeren auf Basis von Sterculia-Gummi-P(VSA) (von 2×10^{-3} auf 11×10^{-3} % w/v) verringerte sich die Maschengröße (von 43,40 nm auf 36,07 nm) und die Vernetzungsdichte stieg (von $1{,}42\times10^{-5}$ auf $1{,}86\times10^{-5}$ mol/cm^3). Die $\overline{M}_c$ Werte sanken von 64936 g/mol auf 49576 g/mol und (ϕ) stieg von 0,0724 auf 0,0791 [111]. Die Einführung von Additiven, wie76 GO, hat die Quellung und thermische Stabilität von Hydrogelen verbessert und wirkt sich positiv auf die kontrollierte Freisetzung von Medikamenten aus [112]. Bei strahlenvernetzten Sterkulia-Carbopol-Hydrogelen führte die Zugabe von GO zu einer Verringerung sowohl der $\overline{M}_c$ - als auch der ξ -Werte der Hydrogele aufgrund der Imprägnierung des hochfunktionalisierten GO und seiner Wechselwirkungen mit den Polymerketten [98]. Die Zugabe von Zinkoxid-Nanopartikeln (ZnO NPs) zu den Hydrogelen hat deren Kapazität zur Verkapselung von Medikamenten mit zusätzlichen Eigenschaften wie Biokompatibilität und kontrollierter langsamer Freisetzung des Medikaments verbessert [113].

4.7 Auswirkungen der Polymerkomplexierung

In einigen Fällen wirkt sich die Bildung von Polymerkomplexen während der Synthese von Hydrogelen auf deren Netzwerkstruktur und Strukturparameter aus. Einige Hydrogele sind aufgrund der Bildung von Polymerkomplexen umweltempfindlich. Polymerkomplexe sind unlösliche, makromolekulare Strukturen, die durch die nicht-kovalente Verbindung von Polymeren mit Affinität zueinander gebildet werden. Es können sich zwei Arten von Polymerkomplexen bilden: Interpolymerkomplexe und Intrapolymerkomplexe. Interpolymerkomplexe bilden sich durch die Assoziation von sich wiederholenden Einheiten auf verschiedenen Polymerketten und Intrapolymerkomplexe durch die Assoziation von getrennten Bereichen derselben Polymerkette. Solche Polymerkomplexe führen zur Bildung von Vernetzungen im Gel. Dadurch wird die effektive Vernetzung erhöht, die Maschengröße des Netzwerks und der Quellungsgrad werden erheblich reduziert, was zu einer Verringerung der

Freisetzungsrate des Arzneimittels bei der Bildung von Polymerkomplexen führt [114,115]. Mawad und Mitarbeiter [116] berichteten über eine Abnahme von $\overline{M}_c$ und der Maschengröße von PVA-Hydrogelen, die mit zwei Vernetzungsstrategien (UV und Redox) hergestellt wurden, mit zunehmender Polymerkonzentration, was auf Kettenwechselwirkungen und Verwicklungen in konzentrierteren Polymerlösungen zurückzuführen ist.

4.8 Auswirkungen der Art des externen Umfelds

Die Art der äußeren Umgebung wie Temperatur, pH-Wert, Ionenstärke und Salzkonzentration des Quellmediums sowie die Art des eindringenden Lösungsmittels beeinflussen ebenfalls die Netzwerkparameter von Hydrogelen. Ionische Netzwerke sind Polymere, die Gruppen enthalten, die ionisieren, wenn sie mit einem polaren Lösungsmittel in Kontakt kommen. Ihre Fähigkeit, auf Veränderungen in der äußeren Umgebung zu reagieren, ist eine der wichtigsten Eigenschaften, die in vielen Anwendungen genutzt wird. Die ionischen Anteile in den Netzwerk-Hydrogelen werden unter günstigen physiochemischen Bedingungen des Quellmediums ionisiert und führen zu einer Abstoßung zwischen den geladenen Gruppen, die eine Ausdehnung des Polymernetzwerks bewirkt. Während dieser Ausdehnung der Polymernetzwerke findet ein diskontinuierlicher Volumenübergang als Reaktion auf die Veränderung der physiochemischen Eigenschaften des Lösungsmittels statt, zu denen der pH-Wert, die Temperatur, die Ionenstärke und die chemische Zusammensetzung des verwendeten Lösungsmittels gehören [117,118].

Die Quellung des Polymers hängt von der Wechselwirkung zwischen dem Polymer und dem Lösungsmittel ab. Je größer der Polymer-Lösungsmittel-Wechselwirkungsparameter (χ_1) ist, desto geringer ist die Quellung des Polymers in einem bestimmten Lösungsmittel [119]. Die Werte der verschiedenen Netzwerkparameter von Polyurethan in verschiedenen organischen Lösungsmitteln wurden von Aithal und Mitarbeitern unterschiedlich beobachtet [120]. Das bedeutet, dass die Netzwerkstruktur des gequollenen Polymers von der Art des eindringenden Lösungsmittels abhängig ist. So lagen beispielsweise die χ_1 -Werte von Polyurethan in 1,2-Dichlorethan und 1,2-Dibromethan bei 0,45 bzw. 0,63 und die entsprechenden $\overline{M}_c$ -Werte bei 1022 und 1808 g/mol. Im letzteren Fall war die Wechselwirkung zwischen dem gelösten Polymer und dem Lösungsmittel stärker, was zu einer stärkeren Quellung des Polymers in diesem Lösungsmittel und somit zu einem höheren $\overline{M}_c$ -Wert führte. Die Quellungs- und Strukturparameter von reaktionsfähigen Hydrogelen hängen von der Beschaffenheit des Quellmediums wie pH-Wert, Ionenstärke und Salzkonzentration ab [17,121-123].

4.8.1 Einfluss des pH-Werts des Quellmediums

Die Maschenweite "ξ" ist ein wichtiger Faktor für die Untersuchung der Auswirkungen des pH-Werts des Lösungsmittels auf die Diffusions- und Quellungseigenschaften von Gel-Netzwerken. Die ξ-Werte von Polymerproben aus Poly(diethylaminoethylmethacrylat-co-HEMA) und anderen Methacrylatestern sind von 74 auf 65 Å gesunken, wenn die Proben bei pH 10 statt bei pH 2 gehalten wurden. Dies wird sehr kritisch für gelöste Stoffe, deren effektiver Durchmesser im Bereich von 60 bis 80 Å liegt [117]. Beim pH-sensitiven Hydrogelsystem hat der pH-Wert des Quellungslösungsmittels direkten Einfluss auf das Ausmaß der Quellung der Polymere [32]. Das pH-abhängige Quellverhalten resultiert aus der Ionisierung oder Deionisierung der funktionellen Gruppen, die auf die pH-Änderungen der äußeren Umgebung reagieren [124]. Singh und Mitarbeiter [125-129] haben die Auswirkung des pH-Werts auf das Freisetzungsprofil von Modellarzneimitteln aus arzneimittelbeladenen DD-

Vorrichtungen beobachtet und auf die Bedeutung des pH-Werts des Freisetzungsmediums für die Arzneimitteldiffusionsmechanismen und ihre Löslichkeit hingewiesen.

Im Allgemeinen bestehen pH-empfindliche polymere Gele aus sauren (z. B. -COOH oder -SO_3 H) und/oder basischen (z. B. Ammoniumsalze) Anhängern, die bei einer Änderung des pH-Werts der Umgebung entweder Protonen aufnehmen oder abgeben. Gel-Netzwerke auf PAAc-Basis werden bei hohem pH-Wert ionisiert, während Hydrogele auf Basis von Poly(N,N'-diethylaminoethylmethacrylat) (PDEAEM) bei niedrigem pH-Wert ionisiert werden [130]. Gudeman und Peppas [70] haben die Maschengröße von interpenetrierenden PVA/PAAc-Netzwerken in verschiedenen pH-Pufferlösungen berechnet. IPN-Membranen auf PVA/PAAc-Basis, die mit 50 (Mol-%) PAAc und einem Vernetzungsverhältnis von 0,01 Mol/Mol bei einer Reaktionszeit von 15,5 Stunden hergestellt wurden, weisen eine Maschengröße von 400 bzw. 700 Å in Pufferlösungen mit pH 3 bzw. pH 6 auf. Li und Mitarbeiter [32] berichteten über einen Anstieg der $\phi_{2,s}$ und ξ-Werte von GG/PAAc-Hydrogelen mit einem Anstieg des pH-Werts des Quellmediums von 1,44 auf 7,52. Ein höheres Quellungsverhältnis wurde in Pufferlösungen mit einem pH-Wert von 7,52 beobachtet, was auf die Ionisierung der -COOH-Gruppen unter basischen Bedingungen zurückzuführen ist. Die geladenen -COO^- -Gruppen stießen sich gegenseitig ab und dehnten die Polymernetzwerke aus, was zu höheren Quellungseigenschaften und einer größeren Porengröße führte. Die pH-sensitiven Glykopolymere zeigten eine Porengröße im Bereich von 18 bis 35 Å unter sauren Bedingungen von pH 2,2 aufgrund des kollabierten, vereinigten Zustands der Polymernetzwerke, wohingegen dieser Bereich der Maschengröße unter basischen Bedingungen von pH 7,0 auf 70-111 Å anstieg [124]. Yarimkaya und Basan [122] beobachteten eine Zunahme der Werte von $\overline{M}_c$ (209 bis 2667 g/mol) und ξ (8,78 bis 48,80 Å) sowie eine Abnahme von $\phi_{2,s}$ (0,607 bis 0,160) und der Vernetzungsdichte (0,586 bis 0,046) von P(HEMA-co-AAc-co-Natriumacrylat)-Hydrogelen mit dem Quellmedium von 2,0 bis 8,0 bei 37° C. Die Zunahme der Maschenweite (von 16,974 auf 36,616 nm) und der $\overline{M}_c$ -Werte (von 21281,126 auf 55994,033 g/mol) bei gleichzeitiger Abnahme der Vernetzungsdichte (von 5,79546 auf 2,20263 mol/cm^3) und der $\phi_{2,s}$ -Werte (von 0,22722 auf 0,096603) wurde bei einer Änderung des pH-Werts des Quellmediums von 2,2 auf 7,4 für TG-PVP-AAc-Copolymere beobachtet [131]. Strahlenvernetztes GO-imprägniertes Sterculia-P(AAm)-Hydrogel zeigte während der Quellungsstudien ein pH-abhängiges Verhalten mit einem Anstieg der Maschengröße und der $\overline{M}_c$ -Werte bei einem Anstieg des pH-Werts des Quellungsmediums von 2,2 auf 7,4 [132].

4.8.2 Einfluss der Salzkonzentration des Quellmediums

Die Quellung von Hydrogelen hängt meist mit den physiochemischen Eigenschaften der externen Lösung zusammen, zu denen die Ladungszahl, die Ionenstärke und die Salzkonzentration gehören. Das Quellungsverhältnis von anionischen Hydrogelen in Gegenwart von Salzen hat sich im Vergleich zu ihrer Quellung in destilliertem Wasser deutlich verringert. Dieser Quellungsverlust der Hydrogelnetze könnte auf den Ladungsabschirmungseffekt der zusätzlichen Kationen des Salzes zurückzuführen sein, der eine nicht perfekte anionische elektrostatische Abstoßung verursacht [133]. Der osmotische Druck, der sich aus dem Unterschied in der mobilen Ionenkonzentration zwischen Gel und wässriger Phase ergibt, nimmt daher ab, und folglich verringert sich auch die Absorptionsmenge. Darüber hinaus wird bei Salzlösungen mit mehrwertigen Kationen ein geringeres Quellungsverhältnis für anionische Polymere aufgrund der zusätzlichen ionischen Vernetzung der Polymerketten beobachtet. Hydrogele quellen in Gegenwart von ein- oder mehrwertigen

Salzen aufgrund der Ex-Osmose nicht nennenswert, und selbst die gequollenen Hydrogele schrumpfen bei Zugabe von Salzen drastisch [63]. Die abschirmende Wirkung der zusätzlichen Kationen hat eine nicht perfekte elektrostatische Abstoßung zwischen den festen Anionen auf den Polymerketten verursacht und zu einer geringeren osmotischen Druckdifferenz zwischen den quellenden Gelen und der externen Lösung geführt [134-136]. Dies bedeutet, dass die Salzkonzentration des Quellmediums auch die Gleichgewichtsquellung und verschiedene Netzwerkparameter von Hydrogelen beeinflusst [137,138]. Durch Erhöhung der Ionenstärke der externen Lösung mittels Salzzugabe wurde eine Abnahme des Quellungsverhältnisses von P(NVP-g-Weinsäure)-Hydrogelen nachgewiesen [123]. Die Abnahme der □-Werte (von 24,561 auf 16,615 nm) und $\overline{M}_c$ -Werte (von 24.474,697 auf 14.859,549 g/mol) wurde für TG-cl-(PVP-co-PAMPS)-Polymere in 0,9%iger NaCl-Lösung im Vergleich zu destilliertem Wasser beobachtet. Diese Tendenzen können auf die Zunahme der Anzahl der Vernetzungen im Gel-Netzwerk zurückzuführen sein, die zu einer Verringerung der Porengröße der zwischen den Netzwerkketten verfügbaren Hohlräume führt [139].

4.8.3 Einfluss der Temperatur des Quellmediums

Die Temperatur des Quellmediums hat einen Einfluss auf die Quelleigenschaften und Netzwerkparameter der betrachteten Polymere [1,140]. Bei fester Vernetzerkonzentration führt eine Erhöhung der Temperatur des Quellmediums zu einer Abnahme der Vernetzungsdichte, des Polymer-Lösungsmittel-Wechselwirkungsparameters χ_1 und zu einem Anstieg des Wassergehalts des Hydrogels [141]. Der Anstieg der Werte von ϕ und ξ ιστ auf die Zunahme der Lösungsmittelsorption durch die Polymere bei steigender Quellungstemperatur zurückzuführen [71]. Mit steigender Temperatur der Quellumgebung kam es zu einer Entflechtung zwischen den Polymerketten, und das Polymernetzwerk dehnte sich aus

[32]. Diese Zunahme der Quellfähigkeit von Hydrogelen mit steigender Temperatur des umgebenden Mediums ist auf die höhere Diffusionsrate von Lösungsmittelmolekülen bei höheren Temperaturen zurückzuführen [142]. Ein höherer Quellungsgrad des Polymers führte zu einer Zunahme der Kettenlänge zwischen zwei Vernetzungen und zu einer Zunahme von $\overline{M}_c$ und □□values bei gleichzeitiger Abnahme der ρ-Werte der Polymernetzwerke. Auch χ_1 hängt umgekehrt von der Temperatur ab [133]. Singh und Mitarbeiter [143] berichteten über eine Abnahme der ϕ -Werte von Hydrogelkugeln auf Polysaccharidbasis bei Erhöhung der Temperatur des Quellmediums. Mit steigender Temperatur des Mediums erhöht sich die Diffusionsrate der Lösungsmittelmoleküle in die Polymernetzwerke, was zu einem Anstieg des Volumenanteils des Lösungsmittels und einem Rückgang des Volumenanteils des Polymers in den gequollenen Kügelchen führt. Die $\overline{M}_c$ Werte der Kügelchen steigen mit zunehmender Temperatur an, was auf die zunehmende Quellung zurückzuführen ist, die die Kettenlänge zwischen zwei Querverbindungen erhöht hat. Der Anstieg der $\overline{M}_c$ -Werte und die Abnahme der χ_1 -Werte mit steigender Temperatur wurde bei Natriumalginatperlen beobachtet [144]. Die $\overline{M}_c$ -Werte für Perlen, die nach 10-minütiger Einwirkung von Glutaraldehyd (GA) bei 273,15, 308,15 und 318,15 K hergestellt wurden, betrugen 1874, 2252 bzw. 2684 g/mol und die entsprechenden χ_1 -Werte 0,6834, 0,6669 und 0,6558. Xue und Mitarbeiter [145] haben eine Zunahme der effektiven Vernetzungsdichte (von 0,031 auf $0{,}043\times10^3$ mol dm^{-3}) und eine Abnahme der $\overline{M}_c$ Werte (von 24,9 auf 19,8 kg mol^{-1}) von P(N-Ethylacrylamid) mit steigender Temperatur von 283 auf 323 K festgestellt. In einer anderen Beobachtung haben Baselga und Mitarbeiter eine Abnahme sowohl der $\phi_{2,s}$ (0,0499 auf 0,0454) als auch der χ_1 (0,495 auf 0,492) Werte von PAAm-Hydrogelen, die mit 10% (w/w) Vernetzer hergestellt wurden,

bei einer Quellungstemperatur von 10 bis 30° C beobachtet [142]. Singh und Mitarbeiter [33,42,44,60,146,147] berichteten ebenfalls über einen Anstieg der Porengröße mit abnehmender Vernetzungsdichte von copolymeren Netzwerken auf Polysaccharidbasis bei steigender Temperatur (27 bis 47° C) des Quellmediums.

4.9 Schlussfolgerungen

Insgesamt lässt sich feststellen, dass im Allgemeinen die Maschenweite, die Vernetzungsdichte und die $\overline{M}_c$ -Werte von Netzwerk-Hydrogelen mit zunehmender Monomer- und Vernetzerkonzentration und Strahlendosis abnehmen. Der pH-Wert und der Salzgehalt des Quellmediums wirken sich aufgrund der in der Polymernetzwerkstruktur vorhandenen funktionellen Einheiten auf verschiedene Strukturparameter aus. Die Erhöhung der hydrophilen Eigenschaften des Hydrogels durch Pfropfung und Copolymerisation hydrophiler Monomere oder synthetischer Polymere hat im Allgemeinen die Quellung verstärkt und zu einer Erhöhung der Porengröße der gequollenen Hydrogele geführt. Der Anstieg der Temperatur des umgebenden Quellmediums hat die Größe der Hydrogelmaschen erhöht und die Vernetzungsdichte der gequollenen Hydrogelnetze verringert.

4.10 Referenzen

[1] Bajpai SK, Singh S. Analysis of swelling behavior of poly(*methacrylamide-co-methacrylic* acid) hydrogels and effect of synthesis conditions on water uptake. *React Funct Polym* **2006**;66:431-40.

[2] Stenekes RJH, Hennink WE. Polymerisationskinetik von Dextran-gebundenem Methacrylat in einem wässrigen Zweiphasensystem. *Polymer* **2000**;41:5563-9.

[3] Anseth KS, Bowman CN, Brannon-Peppas L. Mechanical properties of hydrogels and their experimental determination. *Biomaterials* **1996**;17:1647-57.

[4] Nakamura K, Murray RJ, Joseph JI, Peppas NA, Morishita M, Lowman AM. Orale Insulinabgabe mit P(*MAA-g-EG*)-Hydrogelen: Auswirkungen der Netzwerkmorphologie auf die Eigenschaften der Insulinabgabe. *J Contr Rel* **2004**;95:589-99.

[5] Elliott JE, Macdonald M, Nie J, Bowman CN. Struktur und Quellung von Poly(acrylsäure)-Hydrogelen: Einfluss von pH-Wert, Ionenstärke und Verdünnung auf die vernetzte Polymerstruktur. *Polymer* **2004**;45:1503-10.

[6] Singh B, Sharma N. Mechanistic implication for crosslinking in sterculia based hydrogels and their use in GIT drug delivery. *Biomacromolecules* **2009**;10:2515-32.

[7] Singh B, Chauhan N. Preliminary evaluation of molecular imprinting of 5-fluorouracil within hydrogels for use as drug delivery systems. *Acta Biomaterialia* **2008**;4:1244-54.

[8] Singh B, Sharma V. Design of psyllium-PVA-acrylic acid based novel hydrogels for use in antibiotic drug delivery. *Int J Pharm* **2010**;389:94-106.

[9] Singh B, Singh J, Rajneesh. Anwendung von Tragantgummi und Alginat bei der Herstellung von Hydrogel-Wundauflagen unter Verwendung von Gammastrahlung. *Carbohydr Polym Technol Appli* **2021**;2:100058.

[10] Calvet D, Wong JY, Giasson S. Rheological monitoring of polyacrylamide gelation: Die Bedeutung von Vernetzungsdichte und Temperatur. *Macromolecules* **2004**;37:7762-71.

[11] Atkins PW. *Physical-Chemistry*, 6th ed.; Freeman: New York, 1998.

[12] Giz A, Catalgil-Giz H, Alb A, Brousseau JL, Reed WF. Kinetik und Mechanismus der Acrylamidpolymerisation durch absolute, Online-Überwachung der Polymerisationskinetik. *Macromolecules* **2001**;34:1180-91.

[13] Fanta GF. Synthetics of graft and block copolymers of starch. In R. J. Ceresa (editor). Block- und Pfropfcopolymerisation (Vol. 1, pp. 1-4). London: John Wiley & Sons, **1973**.

[14] Lanthong P, Nuisinv R, Kiatkamjornwong S. Graft copolymerization, characterization, and degradation of cassava starch-g-acrylamide/itaconic acid superabsorbents. *Carbohydr Polym* **2006**;66:229-45

[15] Fanta GF. Synthetics of graft and block copolymers of starch. In R. J. Ceresa (editor). Block- und Pfropfcopolymerisation (Bd. 1, S. 16-17). London: John Wiley & Sons, **1973**.

[16] Chung JT, Vlugt-Wensink KDF, Hennink WE, Zhang Z. Effect of polymerization conditions on the network properties of dex-HEMA microspheres and macro-hydrogels. *Int J Pharm* **2005**;288:51-61.

[17] Bajpai AK, Giri A. Water sorption behaviour of highly swelling (*carboxymethylcellulose-g-polyacrylamide*) hydrogels and release of potassium nitrate as agrochemical. *Carbohydr Polym* **2003**;53:271-9.

[18] Pourjavadi A, Kurdtabar M. Collagen-based highly porous hydrogel without any porogen: Synthese und Eigenschaften. *Eur Polym J* **2007**;43:877-89.

[19] Chen J, Zhao Y. Relationship between water absorbency and reaction conditions in aqueous solution polymerization of polyacrylate superabsorbents. *J Appl Polym Sci* **2000**;75:808-14.

[20] Hosseinzadeh H, Pourjavadi A, Zohouriaan-Mehr MJ, Mahdavinia GR. Modifiziertes Carrageenan. 1. H-CarragPAM, ein neues superabsorbierendes Hydrogel auf Biopolymerbasis. *J Bioact Compat Polym* **2005**;20:475-90.

[21] Hsu SC, Don TM, Chiu WY. Free radical degradation of chitosan with potassium persulfate. *Polym Degrad Stab* **2002**;75:73-83.

[22] Gils PS, Ray D, Mohanta GP, Manavalan R, Sahoo PK. Entwicklung neuer makroporöser superabsorbierender Polymer-Hydrogele auf

Acrylbasis und ihre Eignung für die Verabreichung von Medikamenten. *Int J Pharmacy Pharm Sci* **2009**;1:43-54.

[23] Pourjavadi A, Hosseinzadeh H, Mazidi R. Modifiziertes Carrageen. 4. Synthesis and Swelling Behavior of Crosslinked κ-C-g-AMPS Superabsorbent Hydrogel with Antisalt and pH-Responsiveness Properties. *J Appl Polym Sci* **2005**;98:255-63.

[24] Hariharan D, Peppas NA. Charakterisierung, dynamisches Quellverhalten und Transport von gelösten Stoffen in kationischen Netzwerken mit Anwendungen für die Entwicklung von quellungsgesteuerten Freisetzungssystemen. *Polymer* **1996**;37:149-61.

[25] Katime I, Diaz de Apodaca E; Acrylic acid/methyl methacrylate hydrogels. I. Effect of composition on mechanical and thermodynamic properties. *J Macromol Sci: Pure Appl Chem* **2000**;37:307-21.

[26] Turan E, Demirci S, Caykara T. Thermo- and pH-induced phase transitions and network parameters of poly(n-isopropylacrylamideco-2-acrylamido-2-methyl-propanosulfonic acid) hydrogels. *J Polym Sci: Part B Polym Phys* **2008**;46:1713-24.

[27] Sen M, Yakar A, Guven O. Determination of average molecular weight between cross-links (M_c) from swelling behaviours of diprotic acid-containing hydrogels. *Polymer* **1999**;40:2969-74.

[28] Hickey AS, Peppas NA. Diffusion gelöster Stoffe in Poly(vinylalkohol)/Poly(acrylsäure)-Verbundmembranen, die durch Gefrier-/Auftauverfahren hergestellt wurden. *Polymer* **1997**;38:5931-6.

[29] Karadag E, Saraydin D. Swelling of acrylamide-tartaric acid hydrogels. *Iran J Polym Sci Technol* **1995**;4:218-25.

[30] Caykara T. Effect of maleic acid content on network structure and swelling properties of poly(n-isopropylacrylamide-comaleic acid) polyelectrolyte hydrogels. *J Appl Polym Sci* **2004**;92:763-9.

[31] Ankareddi I, Brazel CS. Synthese und Charakterisierung von gepfropften thermosensitiven Hydrogelen für die wärmeaktivierte kontrollierte Freisetzung. *Int J Pharm* **2007**;336:241-7.

[32] Li X, Wu W, Wang J, Duan Y. The swelling behavior and network parameters of guar gum/poly(acrylic acid) semi-interpenetrating polymer network hydrogels. *Carbohydr Polym* **2006**;66:473-9.

[33] Singh B, Dhiman A, Kumar S. Polysaccharide gum based network hydrogels for controlled drug delivery of ceftriaxone: Synthese, Charakterisierung und biomedizinische Bewertung. *Ergebnisse in Chemie* **2023**;5:100695.

[34] Zhihui L, Wenhui W, Jianquan W, Xin J. Swelling behaviors, tensile properties and thermodynamic interactions in APS/HEMA copolymeric hydrogels. *Front Mater Sci China* **2007**;1:427-31.

[35] Davis TP, Huglin MB. Einfluss der Zusammensetzung auf die Eigenschaften von copolymeren N-Vinyl-2-Pyrrolidon/Methylmethacrylat-Hydrogelen und Organogelen. *Polymer* **1990**;31:513-9

[36] Peppas NA, Moynihan HJ, Lucht LM. Die Struktur von hochvernetzten Poly(2- hydroxyethylmethacrylat)-Hydrogelen. *J Biomed Mater Res* **1985**;19:397-411

[37] Tomar RS, Gupta I, Singhal R, Nagpal AK. Synthese von superabsorbierenden Hydrogelen auf Poly(acrylamid-co-acrylsäure)-Basis: Untersuchung der Netzwerkparameter und des Quellverhaltens. *Polym Plast Technol Eng* **2007**;46:481-8.

[38] Bajpai AK, Giri A. Swelling dynamics of a macromolecular hydrophilic network and evaluation of its potential for controlled release of agrochemicals. *J React Funct Polym* **2002**;53:125-41.

[39] Flory PJ, Rehner RJ. Statistische Mechanik von vernetzten Polymernetzwerken. II. Swelling. *J Chem Phys* **1943**;11:521-6.

[40] Peppas NA, Merrill EW. Thermodynamics of hydrogel swelling applications of hydrogels in bioengineering. *J Polym Sci Polym Chem* **1976**;11:441-57.

[41] Singh B, Sharma V. Influence of polymer network parameters of tragacanth gum-based pH responsive hydrogels on drug delivery. *Carbohydr Polym* **2014**;101: 928- 40.

[42] Singh B, Sharma V, Kumar R, Mohan M. Development of dietary fiber psyllium based hydrogel for use in drug delivery applications. *Food Hydrocoll Health* **2022**;2:100059.

[43] Singh B, Singh J, Dhiman A, Mohan M. Synthesis and characterization of arabinoxylan-bis[2-(methacryloyloxy)ethyl] phosphate cross-linked copolymer network by high energy gamma radiation for use in controlled drug delivery applications. *Int J Biol Macromol* **2022**;200:206-17.

[44] Singh B, Kumar A. Radiation-induced graft copolymerization of N-vinyl imidazole onto moringa gum polysaccharide for making hydrogels for biomedical applications. *Int J Biol Macromol* **2018;**120(B):1369-78.

[45] Berger J, Reist M, Mayer JM, Felt O, Peppas NA, Gurny R. Structure and interactions in covalently and ionically crosslinked chitosan hydrogels for biomedical applications. *Eur J Pharm Biopharm* **2004**;57:19-34.

[46] Ratner BD, Hoffman AS. In: Hydrogels for Medical and Related Applications, Andrade JD, Ed., ACS Symposium Series, No.31, p. 1-37, **1976**.

[47] Peppas NA, Mikos AG. In: Hydrogele in Medizin und Pharmazie, Band 1, Peppas NA, Ed., CRC, S. 2-23, ***1986***.

[48] Canal T, Peppas NA. Korrelation zwischen Maschenweite und Gleichgewichtsquellungsgrad von Polymernetzwerken. *J Biomed Mater Res* **1989**;23:1183-93.

[49] Atta AM, Abdel-Azim AAA. Auswirkung der Vernetzerfunktionalität auf Quellungs- und Netzwerkparameter von copolymeren Hydrogelen. *Polym Adv Technol* **1998**;9:340-8.

[50] Basak P, Adhikari B. Poly(vinylalkohol)-Hydrogele für pH-abhängige, auf den Dickdarm ausgerichtete Arzneimittelabgabe. *J Mater Sci: Mater Med* **2009**;20:137-46.

[51] Mahmudi N, Rendevski S. Strahlensynthese von AAM/DMAEMA/MBA-Hydrogelen zur Absorption von 2,4-D-Herbiziden. *BALWOIS 2010-Ohrid: Republik Mazedonien-25*, **2010**.

[52] Lu S, Anseth KS. Photopolymerisation von multilaminierten Poly(HEMA)-Hydrogelen zur kontrollierten Freisetzung. *J Contr Rel* **1999**;57:291-300.

[53] Crescenzi V, Paradossi G, Desideri P, Dentini M, Cavalieri F, Amici E, Lisi R. New hydrogels based on carbohydrate and on carbohydrate-synthetic polymer networks. *Polym Gels Netw* **1997**;5:225-39.

[54] Capitani D, Crescenzi V, De Angelis AA, Segre AL. Wasser in Hydrogelen. Eine NMR-Studie der Wasser/Polymer-Wechselwirkungen in schwach vernetzten Chitosan-Netzwerken. *Macromolecules* **2001**;34:4136–44.

[55] Tual C, Espuche E, Escoubes M, Domard A. Transport properties of chitosan membranes: Influence of crosslinking, *J Polym Sci Part B: Polym Phys* **2000**;38:1521-9.

[56] Bajpai AK, Bajpai J, Shukla S. Water sorption through a semi-interpenetrating polymer network (IPN) with hydrophilic and hydrophobic chains. *React Funct Polym* **2001**;50:9-21.

[57] Singh B, Dhiman A, Devi K, Kumar S. Developing 3D-network gels from polysaccharide gums for biomedical applications. *Hybrid Advances* **2023**;3:100060.

[58] Singh B, Kumari A. Evaluation of covalent and supra-molecular interactions in phosphated galacturonic-glucuronic acid for network structure for use in wound dressings. *Mater Today Commun* **2023**;36:106534.
[59] Singh B, Devi K, Sharma D, Sharma P, Synthesis and characterization of modified bioactive arabinoxylan-psyllium: Bewertung der molekularen Wechselwirkungen, physiochemischen und biomedizinischen Eigenschaften. *Int J Biol Macromol* **2022**;221:1053-64.
[60] Singh B, Rohit. Tailoring and evaluating poly(vinyl sulfonic acid)-sterculia gum network hydrogel for biomedical applications. *Materialia* **2022**;25:101524.
[61] Xue W, Champ S, Huglin MB. Netzwerk- und Quellungsparameter von chemisch vernetzten, thermoreversiblen Hydrogelen. *Polymer* **2001**;42:3665-9.
[62] Gliko-Kabir I, Yagen B, Penhasi A, Rubinstein A. low swelling, crosslinked guar and its potential use as colon-specific drug carrier. *Pharm Res* **1998**;15:1019-25.
[63] Singhal R, Tomar RS, Nagpal AK. Auswirkung von Vernetzer- und Initiatorkonzentration auf das Quellverhalten und die Netzwerkparameter von superabsorbierenden Hydrogelen auf Basis von Acrylamid und Acrylsäure. *Int J Plast Technol* **2009**;13:22-37.
[64] Abdel-Azim AA, Abdul-Raheim AM, Atta AM, Brostow W, Datashvili T. Swelling and network parameters of crosslinked porous octadecyl acrylate copolymers as oil spill sorbers. *E-Polymers* **2009**; 134:1-14.
[65] Lira LM, Martins KA, Cordoba de Torresi SI. Structural parameters of polyacrylamide hydrogels obtained by the equilibrium swelling theory. *Eur Polym J* **2009**;45:1232-8.

[66] Shalviri A, Liu Q, Abdekhodaie MJ, Wu XY. Neuartige modifizierte Stärke-Xanthan-Hydrogele für die kontrollierte Abgabe von Medikamenten: Synthese und Charakterisierung. *Carbohydr Polym* **2010**;79:898-907.

[67] Davaran S, Rashidi MR, Khani A. Synthese von chemisch vernetzten Hydroxypropylmethylcellulose-Hydrogelen und ihre Anwendung zur kontrollierten Freisetzung von 5-Aminosalicylsäure. *Drug Develop Indust Pharm* **2007**;33:881-7.

[68] Raj Singh TR, McCarron PA, Woolfson AD, Donnelly RF. Investigation of swelling and network parameters of poly(ethylene glycol)-cross-linked poly(methyl vinyl *ether-co-maleic* acid) hydrogels. *Eur Polym J* **2009**;45:1239-49.

[69] Sen M, Sari S; Radiation synthesis and characterization of poly(N,N-dimethylaminoethyl *methacrylate-co-N-vinyl-2-pyrrolidone*) hydrogels. *Eur Polym J* **2005**;41:1304-14.

[70] Gudeman LF, Peppas NA. pH-empfindliche Membranen aus interpenetrierenden Poly(vinylalkohol)/Poly(acrylsäure)-Netzwerken. *J Memb Sci* **1995**;107:239-48.

[71] Xue W, Huglin MB, Liao B. Network and thermodynamic properties of hydrogels of poly[1-(3-sulfopropyl)-2-vinyl-pyridinium-betaine]. *Eur Polym J* **2007**;43:4355-70.

[72] Gander B, Gurny R, Doelker E, Peppas NA. Auswirkung der polymeren Netzwerkstruktur auf die Wirkstofffreisetzung aus vernetzten Poly(vinylalkohol)-Mikromatrizen. *Pharm Res* **1989**;6:578-84.

[73] Carvajal-Millan E, Landillon V, Morel MH, Rouau X, Doublier JL, Micard V. Arabinoxylan gels: Einfluss des Feruloylierungsgrades auf ihre Struktur und Eigenschaften. *Biomacromolecules* **2005**;6:309-17.

[74] Singh B, Sharma V, Kumar A, Kumar S. Radiation crosslinked polymerization of methacrylamide and psyllium to develop antibiotic drug delivery device. *Int J Bio Macromol* **2009**;45:338-47.
[75] Singh B, Singh B. Graft copolymerization of polyvinylpyrollidone onto Azadirachta indica gum polysaccharide in the presence of crosslinker to develop hydrogels for drug delivery applications. *Int J Bio Macromol* **2020**;159:264-75.
[76] Podual K, Doyle FJ, Peppas NA. Herstellung und dynamisches Verhalten von kationischen Copolymer-Hydrogelen, die Glucoseoxidase enthalten. *Polymer* **2000**;41:3975-83.
[77] Mahmudi N, Sen M, Rendevski S, Guven O. Radiation synthesis of low swelling acrylamide based hydrogels and determination of average molecular weight between cross-links. *Nucl Instru Methods Phys Res B* **2007**;265:375-8.
[78] Deiber JA, Ottone ML, Piaggio MV, Peirotti MB. Charakterisierung von vernetzten polyampholytischen Gelatine-Hydrogelen durch die Theorien der Gummielastizität und der thermodynamischen Quellung. *Polymer* **2009**;50:6065-75.
[79] Korsmeyer RW, Peppas NA. Auswirkung der Morphologie hydrophiler polymerer Matrizen auf die Diffusion und Freisetzung wasserlöslicher Arzneimittel. *J Memb Sci* **1981**;9:211-27.
[80] Jafari S, Modarress H. A study on swelling and complex formation of acrylic acid and methacrylic acid hydrogels with polyethylene glycol. *Iran Polym J* **2005**;14:863-73.
[81] Singh B, Mohan M, Singh B. Synthesis and characterization of the azadirachta indica gum-polyacrylamide interpenetrating network for biomedical applications. *Carbohydr Polym Technol Appl* **2020**;1:100017.

[82] Mishra S, Bajpai R, Katare R, Bajpai AK. Radiation induced cross-linking effect on semi-interpenetrating polymer networks of poly(vinyl alcohol). *eXPRESS Polym Lett* **2007**;1:407-15.
[83] Bhattacharya A. Radiation and industrial polymers. *Prog Polym Sci* **2000**;25:371-401.
[84] Maziad NA. Strahlungspolymerisation von hydrophilen Monomeren zur Herstellung von Hydrogelen, die in Abfallbehandlungsverfahren verwendet werden. *Polym Plast Technol Eng* **2004**;43:1157-76.
[85] Nasef MM, Hegazy EA. Herstellung und Anwendungen von Ionenaustauschermembranen durch strahleninduzierte Pfropfcopolymerisation von polaren Monomeren auf unpolare Filme. *Prog Polym Sci* **2004**;29:499-561.
[86] El Salmawi KM. Durch Gammastrahlung vernetzte PVA/Chitosan-Mischungen für Wundauflagen. *J Macromol Sci: Part A* **2007**;44:541-5.
[87] Gao C, Li S, Song H, Xie L. Radiation induced crosslinking of ultra high molecular weight polyethylene fibers by means of electron beams. *J Appl Polym Sci* **2005**;98,1761-4.
[88] Saum KA, Sanford WM, Di Maio WG, Howard EG. Verfahren für medizinische Implantate aus vernetztem ultrahochmolekularem Polyethylen mit verbesserter Ausgewogenheit von Verschleißeigenschaften und Oxidationsbeständigkeit. U.S. Patent 6316158, USA (**2001**).
[89] Wang A, Essener AP, Zarnowski AJ. Verfahren zur Herstellung von orthopädischen Vorrichtungen aus selektiv vernetztem Polyethylen. U.S. Patent 6818171, USA (**2002**).
[90] Abd Alla SG, Said HM, El-Naggar AWM. Strukturelle Eigenschaften von γ-bestrahlten Poly(vinylalkohol)/Poly(ethylenglykol)-Polymermischungen. *J Appl Polym Sci* **2004**;94, 167-76.
[91] Saraydin D, Karadag E, Güven O. Relationship between the swelling process and the releases of water soluble agrochemicals from radiation

crosslinked acrylamide/itaconic acid copolymers. *Polym Bull* **2000**;45,287-94.

[92] Singh B, Kumar A. Exploration of Arabinogalactan of gum polysaccharide potential in hydrogel formation and controlled drug delivery applications. *Int J Bio Macromol* **2009**;147:482-92.

[93] Singh B, Kumar S. Synthesis and characterization of psyllium-NVP based drug delivery system through radiation cross-linking polymerization. *Nucl Instru Methods Phys Res: B* **2008**;266:3417-30.

[94] Singh B, Chauhan N, Kumar S. Radiation crosslinked psyllium and polyacrylic acid based hydrogels for use in colon specific drug delivery. *Carbohydr Polym* **2008**;73:446-55.

[95] Singh B, Vashishtha M. Development of novel hydrogels by modification of sterculia gum through radiation cross-linking polymerization for use in drug delivery. *Nucl Instru Methods Phys Res: B* **2008**;266:2009-20.

[96] Karadag E, Saraydin D, Sahiner N, Guven O. Radiation induced acrylamide/citric acid hydrogels and their swelling behaviors. *J Macromol Sci: Pure Appl Chem* **2001**;38:1105-21.

[97] Jabbari E, Nozari S. Synthese von Acrylsäure-Hydrogel durch γ-Strahlenvernetzung von Polyacrylsäure in wässriger Lösung. *Iran Polym J* **1999**;8:263-70.

[98] Singh B, Singh B. Radiation induced graft copolymerization of graphene oxide and carbopol onto sterculia gum polysaccharide to develop hydrogels for biomedical applications. *FlatChem* **2020**;19:100151.

[99] Singh B, Mohan M. Exploration of the high energy radiation for the designing of psyllium-poly(MEDSAH) zwitterionic superabsorbent hydrogels for biomedical uses. *Materialia* **2022**;26:101641.

[100] Singh B, Varshney L, Sharma V. Design of sterile mucoadhesive hydrogels for use in drug delivery: Effect of radiation on network structure. *Coll Surf B: Biointer* **2014**;121:230-7.

[101] Singh B, Kumar A. Network formation of Moringa oleifera gum by radiation induced crosslinking: Evaluation of drug delivery, network parameters and biomedical properties. *Int J Bio Macromol* **2018**;108:477-88.

[102] Wypych G editor. Handbook of Plasticizer. Ontaro: ChemTec Publishing, **2003**.

[103] Rodriguez MT, Garcia SJ, Cabello R, Suay JJ, Gracenea JJ. Wirkung von Weichmachern auf die thermischen, mechanischen und korrosionsschützenden Eigenschaften einer Epoxidgrundierung. *JCT Research* **2005**;2:557-64.

[104] George SC, Thomas S. Transport phenomena through polymeric systems. *Prog Polym Sci* **2001**;26:985-1017.

[105] Lin WJ, Lee HK, Wang DM. Der Einfluss von Weichmachern auf die Freisetzung von Theophyllin aus mikroporösen kontrollierten Tabletten. *J Contr Rel* **2004**;99:415-21.

[106] Caykara T, Bulut M, Dilsiz N, Akyuz Y. Macroporous poly(acrylamide) hydrogels: swelling and shrinking behaviors. *J Macromol Sci Part A Pure Appl Chem* **2006**;43:889-97.

[107] Novikov DV, Varlamov AV, Mnatsakanov SS. Clusterstruktur der Oberfläche von weichgemachten Cellulosetriacetatfilmen. *Russian J Appl Chem* **2005**;78:301-4.

[108] Bajpai SK, Bajpai M, Sharma L. Investigation of water uptake behavior and mechanical properties of superporous hydrogels. *J Macromol Sci Part A: Pure Appl Chem* **2006**;43:507-24.

[109] Gemeinhart RA, Park H, Park K. Pore structure of superporous hydrogels. *Polym Adv Technol* **2000**;11:617-25.

[110] Behravesh E, Jo S, Zygourakis K, Mikos AG. Synthese von in situ vernetzbaren makroporösen, biologisch abbaubaren Poly(propylenfumarat-co-ethylenglykol)-Hydrogelen. *Biomacromolecules* **2002**;3:374-81.

[111] Singh B, Sharma V, Ram K, Kumar S, Sharma P, Rohit. Imprägnierung von Graphenoxid in Polyvinylsulfonsäure-Sterculia-Gummi-Hydrogelen zur Modulation der Wechselwirkungen des Antibiotikums Vancomycin für die kontrollierte Abgabe von Medikamenten. *Diam Relat Mater* **2022**;130, 109483.

[112] Li C, Li F, Wang K, Wang Q, Liu H, Sun X, Xie D. Synthesis, characterizations, and release mechanisms of carboxymethyl chitosan-graphene oxide-gelatin composite hydrogel for controlled delivery of drug. *Inorg Chem Comm* **2023**;155:110965.

[113] Rani I, Warkar SG, Kumar A. Nano ZnO embedded poly (ethylene glycol) diacrylate cross-linked carboxymethyl tamarind kernel gum (CMTKG)/poly (sodium acrylate) composite hydrogels for oral delivery of ciprofloxacin drug and their antibacterial properties. *Mater Today Commun* **2023**;35:105635.

[114] Torre PM, Torrado S, Torrado S. Interpolymer-Komplexe aus Poly(acrylsäure) und Chitosan: Einfluss des ionischen Hydrogel-bildenden Mediums. *Biomaterials* **2003**;24:1459-68.

[115] Jain NK, Herausgeber. Progress in controlled and novel drug delivery system. CBS PUBLICATIONS & DISTRIBUTORS, **2013**.

[116] Mawad D, Odell R, Poole-Warren LA. Netzwerkstruktur und makromolekulare Wirkstofffreisetzung aus Poly(vinylalkohol)-Hydrogelen, die mit zwei Vernetzungsstrategien hergestellt wurden. *Int J Pharm* **2009**;366:31-7.

[117] Sen M, Agus O, Safrany A. Controlling of pore size and distribution of PDMAEMA hydrogels prepared by gamma rays. *Rad Phys Chem* **2007**;76:1342-6.

[118] Kwok AY, Qiao GG, Solomon DH. Synthetische Hydrogele 3. Auswirkungen von Lösungsmitteln auf Poly(2-hydroxyethylmethacrylat)-Netzwerke. *Polymer* **2004**;45:4017-27.

[119] Lin Z, Wu W, Wang J, Jin X. Studies on swelling behaviors, mechanical properties, network parameters and thermodynamic interaction of water sorption of 2-hydroxyethyl methacrylate/novolac epoxy vinyl ester resin copolymeric hydrogels. *React Funct Polym* **2007**;67:789-97.

[120] Aithal US, Aminabhavi TM, Cassidy PE, Interactions of organic halides with a polyurethane elastomer. *J Memb Sci* **1990**;50:225-47.

[121] Ende MT, Hariharan D, Peppas NA; Factors influencing drug and protein transport and release from ionic hydrogels. *React Polym* **1995**;25:127-37.

[122] Yarimkaya S, Basan H. Synthesis and swelling behavior of acrylate-based hydrogels. *J Macromol Sci: Part A* **2007**;44:699-706.

[123] Ozyurek C, Caykara T, Kantoglu O, Guven O. Radiation synthesis of poly(*N-vinyl-2-pyrrolidone-g-tartaric* acid) hydrogels and their swelling behaviors. *Polym Adv Technol* **2002**;13:87-94.

[124] Kim B, Peppas NA. Synthese und Charakterisierung von pH-sensitiven Glykopolymeren für orale Arzneimittelabgabesysteme. *J Biomater Sci Polym Edn* **2002**;13:1271-81.

[125] Singh B, Chauhan N. Modification of psyllium polysaccharides for use in oral insulin delivery. *Food Hydrocoll* **2009**;23:928-35.

[126] Singh B, Pal L. Development of sterculia gum based wound dressings for use in drug delivery. *Eur Polym J* **2008**;44:3222-30.

[127] Singh B, Dhiman A, Rajneesh, Kumar A. Slow release of ciprofloxacin from β- cyclodextrin containing drug delivery system through network formation and supramolecular interactions. *Int J Biol Macromol* **2016**;92:390-400.

[128] Singh B, Chauhan N. Release dynamics of tyrosine a precursor for catecholamine neurotransmitters from dietary fiber psyllium based hydrogels for use in Parkinson's disease. *Food Res Int* **2010**;43:1065-72.

[129] Singh B, Sharma K, Rajneesh, Dutt S. Dietary fiber tragacanth gum based hydrogels for use in drug delivery applications. *Bioact Carbohydr Diet Fibre* **2020**;21:100208.

[130] Bahram M, Mohseni N, Moghtader M. An Introduction to Hydrogels and Some Recent Applications. In: Emerging Concepts in Analysis and Applications of Hydrogels, Majee SB, (Ed.). *InTech* **2016**: doi: 10.5772/64301.

[131] Singh B, Sharma V. Crosslinking of poly(vinylpyrrolidone)/acrylic acid with tragacanth gum for hydrogels formation for use in drug delivery applications. *Carbohydr Polym* **2017**;157:185-95.

[132] Singh B, Singh B. Influence of graphene-oxide nanosheets impregnation on properties of sterculia gum-polyacrylamide hydrogel formed by radiation induced polymerization. *Int J Biol Macromol* **2017**;99: 699-712.

[133] Flory PJ, Grundlagen der Polymerchemie. Ithaca, New York: Cornell University Press, **1953**.

[134] Horkay F, Tasaki I, Basser PJ. Osmotische Quellung von Polyacrylat-Hydrogelen in physiologischen Salzlösungen. *Biomacromolecules* **2000**;1:84-90.

[135] Kim SJ, Shin SR, Kim NG und Kim SI. Quellverhalten von halbinterpenetrierenden Polymer-Netzwerk-Hydrogelen auf Basis von Chitosan und Poly(acrylamid). *J Macromol Sci Part A: Pure Appl Chem* **2005**;42:1073-83.

[136] Sadeghi M, Koutchakzadeh G. Studie zur Quellungskinetik von hydrolysiertem Carboxymethylcellulose-Poly(*natriumacrylat-co-acrylamid*)-Superabsorber-Hydrogel mit salzsensitiven Eigenschaften. *J Sci I A U (JSIAU)* **2007**;17:19-26.

[137] Okay O, Sariisik SB, Zor SD. Quellverhalten von anionischen Hydrogelen auf Acrylamidbasis in wässrigen Salzlösungen: Vergleich von Experiment und Theorie. *J Appl Polym Sci* **1998**;70:567-75.

[138] Soppimath KS, Kulkarni AR, Aminabhavi TM. Chemisch modifizierte vernetzte anionische Mikrogele auf der Basis von *Polyacrylamid* und Guarkernmehl als pH-sensitive Arzneimittelabgabesysteme: Herstellung und Charakterisierung. *J Contr Rel* **2001**;75:331-45.

[139] Singh B, Sharma V. Designing galacturonic acid/arabinogalactan crosslinked poly(vinyl pyrrolidone)-co-poly(2-acrylamido-2-methylpropane sulfonic acid) polymers: Synthese, Charakterisierung und Anwendung zur Medikamentenabgabe. *Polymer* **2016**;91:50-61.

[140] Klech CM, Pari JH. Temperature dependence of non-fickian water transport and swelling in glassy gelatin matrices. *Pharm Res* **1989**;6:564-70.

[141] Ali Emileh, Ebrahim Vasheghani-Farahani, und Mohammad Imani. Quellverhalten, mechanische Eigenschaften und Netzwerkparameter von pH- und temperaturempfindlichen Hydrogelen aus Poly((2-dimethylamino)ethylmethacrylat-co-butylmethacrylat). *Eur Polym J* **2007**;43:1986-95.

[142] Baselga J, Hernandez-Fuentes I, Masegosa RM, Llorente MA. Effect of crosslinker on swelling and thermodynamic properties of polyacrylamide gels. *Polymer Journal* **1979**;21:467-74.

[143] Singh B, Sharma V, Chauhan D. Gastroretentive schwimmende Sterkula-Alginat-Perlen zur Verwendung bei der Verabreichung von Medikamenten gegen Magengeschwüre. *Chem Eng Res Design: Part A* **2010**;88:997-1012.

[144] Kulkarni AR, Soppimath KS, Aminabhavi TM, Dave AM, Mehta MH. Mit Glutaraldehyd vernetzte Natriumalginatkügelchen, die flüssige Pestizide für die Bodenausbringung enthalten. *J Contr Rel* **2000**;63:97-105.

[145] Xue W, Huglin MB, Jones TGJ. Quellungs- und Netzwerkparameter von vernetzten thermoreversiblen Hydrogelen aus Poly(N-ethylacrylamid). *Eur Polym J* 2005;41:239-48.

[146] Singh B, Sharma, V. Correlation study of structural-parameters of bioadhesive polymers in designing tunable drug delivery system. *Langmuir* **2014**;30:8580-91.

[147] Singh B, Singh B. Graft copolymerization of polyvinylpyrollidone onto Azadirachta indica gum polysaccharide in the presence of crosslinker to develop hydrogels for drug delivery applications. *Int J Biol Macromol* **2020;**159:264-75.

Kapitel 5

Gegenwärtige und künftige Perspektiven der strukturellen Netzwerkparameter von Hydrogelen zur Verabreichung von Arzneimitteln

Die Arzneimittelforschung hat zahlreiche Phasen durchlaufen, angefangen von der botanischen Periode der frühen menschlichen Zivilisation über die Ära der synthetischen Chemie in der Mitte des 20. Jahrhunderts bis hin zur Biotechnologie zu Beginn des 21. Jahrhunderts. Die beispiellosen Entwicklungen in der Genomik und Molekularbiologie bieten heute eine Fülle von neuen Medikamenten. Für all diese aufregenden neuen Arzneimittelkandidaten müssen geeignete Darreichungsformen oder DD-Systeme entwickelt werden, die eine wirksame, sichere und zuverlässige Verabreichung dieser Arzneimittel an den Patienten ermöglichen. Die Verbesserung der Arzneimitteltherapie ist also nicht nur eine Folge des Designs neuer Arzneimittelmoleküle, sondern auch der Entwicklung geeigneter DD-Systeme. Die herkömmlichen DD-Systeme liefern keine idealen pharmakokinetischen Profile, insbesondere nicht für Arzneimittel, die eine hohe Toxizität und enge therapeutische Fenster aufweisen. Bei solchen Arzneimitteln ist das ideale pharmakokinetische Profil ein Profil, bei dem die Arzneimittelkonzentration therapeutische Werte erreicht, ohne die maximal tolerierbare Dosis zu überschreiten, und die Konzentration über einen längeren Zeitraum aufrechterhalten wird, bis die gewünschte therapeutische Wirkung erreicht ist. Im Idealfall kann ein solches Profil durch die Verwendung einer Polymermatrix als Wirkstofffreisetzungsvorrichtung erreicht werden, die den Wirkstoff kontrolliert und anhaltend freisetzt, um die therapeutische Konzentration aufrechtzuerhalten. Die Gestaltung von Polymernetzwerken hat ein erhebliches Potenzial für künftige biomedizinische Anwendungen. Der künftige Erfolg von Polymermaterialien hängt von der Entwicklung neuartiger Materialien und Methoden ab, die spezifische biologische und medizinische Herausforderungen bewältigen können. In der DD wird die fortgesetzte Entwicklung biokompatibler polymerer Materialien, die auf ihre Umgebung reagieren können, neue und verbesserte Verabreichungsmöglichkeiten für Heilmittel bieten.

Die Netzwerkstruktur von Hydrogelen, die aus bioaktiven, biologisch abbaubaren und biokompatiblen Merkmalen abgeleitet sind, hat das Potenzial für eine stimulierend-responsive DD-Nutzung als zukunftsweisende Forschungsimplikation [1]. Darüber hinaus wird sich die Bewertung ihrer strukturellen Parameter als ein wichtiges und wirksames Instrument für die Anpassung von Polymermaterialien für kontrollierte und anhaltende DD und Wundverbände erweisen. Die künftige Entwicklung intelligenter Materialien und ihre Bedeutung im Bereich der Abwasserbehandlung, der Agrarwissenschaften, des molekularen Prägens und der Biosensorik dürfen jedoch nicht außer Acht gelassen werden [2,3]. Bei der Abwasserbehandlung haben polymere Netzwerk-Hydrogele mit modifizierten funktionellen Bestandteilen eine spezifische Bindungsaffinität für verschiedene Wasserverunreinigungen wie Schwermetallionen und Farbstoffe. Ihre inhärente Fähigkeit, große Mengen Wasser aufzunehmen, kann sie zu zukünftigen intelligenten Materialien für die Abwassersanierung [4] und als kostengünstige und zuverlässige Materialien für die großtechnische Abwasserbehandlung im Sinne einer nachhaltigen Entwicklung machen [5]. In den Agrarwissenschaften sind Systeme zur kontrollierten Freisetzung von Agrochemikalien auf der Grundlage von Hydrogelen von entscheidender Bedeutung für den wirksamen Einsatz von Pestiziden in der landwirtschaftlichen Produktion und im Umweltschutz. Die Verwendung von aus Biopolymeren gewonnenen Hydrogelen zur Freisetzung von Pestiziden birgt ein enormes Potenzial zur

Verbesserung der Aufnahme von Pestiziden und zur Erhöhung der Umweltsicherheit für ein nachhaltiges Wachstum [6]. Die Kenntnis der Netzwerkstrukturparameter von Polymerformulierungen kann auf dem Gebiet des molekularen Prägens und der Biosensorik eine entscheidende Rolle spielen. Sowohl die Selektivität als auch die absolute Sensorfähigkeit von vernetzten Hydrogelen hängt weitgehend von der Vernetzungsdichte der molekular geprägten Polymere ab [7]. Neben dem Quellungsansatz zur Bestimmung der strukturellen Netzwerkparameter von Hydrogelen kann auch die elastische Reaktion eines gequollenen Hydrogels auf eine äußere Belastung mit endlicher Dehnung die 3-D-Netzwerkkonfiguration und die Vernetzung von Polymernetzwerken veranschaulichen [8]. Die Kenntnis und Kontrolle der Netzwerkstruktur von Hydrogelen anhand verschiedener struktureller Parameter ermöglicht das richtige Design und die Charakterisierung von Polymergel-Netzwerken für die Migration und Diffusion von Zellen und bioaktiven Molekülen durch Netzwerke von Hydrogel-Gewebe-Engineering-Gerüsten [9]. In Zukunft wird die kommerzielle Rolle von einnehmbaren Hydrogelen als Biomaterial für biomedizinische Anwendungen, insbesondere für DD und Tissue-Engineering, ein brennendes Forschungsgebiet sein, und für eine erfolgreiche Kommerzialisierung dieser Produkte werden umfangreiche Studien zur strukturellen Architektur der Gele erforderlich sein [10].

Im Bereich der Entwicklung von Arzneimitteln wurde ein Stadium erreicht, in dem es möglich ist, die im Laufe der Evolution entstandenen Systeme zu imitieren, und es wurde eine Stufe erreicht, auf der neue, in der Natur nicht vorhandene Systeme entwickelt und bewertet werden können. Solche Entwürfe werden auf der genauen Kenntnis der Beziehung zwischen der Struktur von Makromolekülen und ihren Eigenschaften beruhen. Es gibt noch zahlreiche Lücken in unserem Wissen, die gefüllt werden müssen, aber es wurde eine solide Grundlage geschaffen, die als Katalysator für zukünftige Erweiterungen dienen kann. Die Herausforderungen und künftigen Forschungsrichtungen bei intelligenten Hydrogelen für biomedizinische Anwendungen im Hinblick auf die Entwicklung effizienter DD-Systeme umfassen auch eine detaillierte Untersuchung verschiedener Netzwerkparameter von Hydrogelen. Einige Forschungsbereiche im Bereich der intelligenten Materialien auf Hydrogelbasis für DD-Anwendungen müssen noch angegangen werden, damit sie in Zukunft in vollem Umfang eingesetzt werden können und eine nachhaltige Entwicklung möglich ist. Dazu gehören die Wiederverwendbarkeit, die mechanische und thermische Stabilität, die Stimulierbarkeit, der Selbstabbau, die Biokompatibilität und klinische Versuche mit DD-Geräten auf Hydrogelbasis.

5.1 Schlussfolgerungen

Aus der vorangegangenen Diskussion wird geschlossen, dass die Quellung der DD-Systeme eine sehr wichtige Rolle bei der Bestimmung der charakteristischen Netzwerkparameter spielt. Die verschiedenen Parameter der Netzwerkstruktur von Hydrogelen haben erheblichen Einfluss auf die mechanischen und Diffusionseigenschaften der entworfenen Hydrogele und stehen in direktem Zusammenhang mit der Art und dem Ausmaß der Polymerkettenvernetzung. Ihre Bestimmung ist von großer praktischer Bedeutung, da sie von den physikochemischen Eigenschaften der Lösungsmittel und den elastischen und quellenden Eigenschaften der Hydrogele abhängt. Durch die Bestimmung der Quellung mittels einer vereinfachten mathematischen Gleichung kann ein Polymerchemiker aus einer einzigen experimentellen Beobachtung der Quelleigenschaften alle anderen Netzwerkparameter bestimmen, die für kontrollierte DD-Systeme benötigt werden. Der Wert $\overline{M}_c$ wird benötigt, um die Maschengröße (ξ) und die Vernetzungsdichte (ρ) zu bestimmen, die durch die Untersuchung der Quellung von Hydrogelen bei unterschiedlichen Temperaturen ($\phi_{2,s}$) und Polymer-Lösungsmittel-Wechselwirkungen (χ_1) ermittelt wird. Die Maschengröße (ξ) und die Werte von ρ geben Aufschluss über die Netzwerkstruktur, die bei der Anpassung der DD-Vorrichtung für die kontrollierte und anhaltende Freisetzung von Arzneimitteln hilft. Diese Parameter hängen außerdem von der Zusammensetzung der Polymermatrix und der Art der äußeren Umgebung wie pH-Wert, Temperatur und Ionenstärke des Quellmediums ab. Die kovalente Vernetzung hat zur Bildung von Hydrogelen mit einer dauerhaften Netzwerkstruktur geführt, die eine Wasseraufnahme mit bioaktiven Verbindungen ohne Auflösung durch Diffusion ermöglicht. Diese strukturellen 3D-Netzwerkparameter von Hydrogelen machen sie zu einem geeigneten Kandidaten für verschiedene biomedizinische Anwendungen. Die Netzwerkarchitektur von Hydrogelen wird durch die synthetischen Reaktionsparameter beeinflusst, die während der Synthese von Hydrogelen eingestellt werden. Darüber hinaus kann die Netzwerkstruktur des Hydrogels je nach den Anforderungen der Arzneimittelabgabe und der biomedizinischen Anwendungen gesteuert werden.

5.2 Referenzen

[1] Tian B, Liu J. Smart stimuli-responsive chitosan hydrogel for drug delivery: A review. *Int J Biol Macromol* **2023**; 235:123902.

[2] Kakkar V, Narula P. Role of molecularly imprinted hydrogels in drug delivery - A current perspective. *Int J Pharm* **2022**;625:121883.

[3] Kadry G, El-Gawad HA. Synthese von Hydrogelen auf der Basis von Reisstroh und Anwendungen als Wasserspeichersystem. *Int J Biol Macromol* **2023**;253(4):127058.

[4] Sinha V, Sumedha Chakma S. Advances in the preparation of hydrogel for wastewater treatment: A concise review. *J Environ Chem Eng* **2019**;7(5):103295.

[5] Ahmaruzzaman M, Roy P, Bonilla-Petriciolet A, Badawi M, Ganachari SV, Shetti NP, Aminabhavi TM. Polymere Materialien auf Basis von Hydrogelen für die Abwasserbehandlung. *Chemosphere* **2023**;331:138743.

[6] Zhang L, Sheng C, Chen C, Luo J, Wu Z, Cao H. Ecofriendly polysaccharide-based alginate/pluronic F127 semi-IPN hydrogel with magnetic collectability for precise release of pesticides and sustained pest control. Int J Biol Macromol **2023**;251:126175.

[7] Hart BR, Shea KJ. Molecular Imprinting für die Erkennung von N-terminalen Histidinpeptiden in wässriger Lösung. *Macromolecules* **2002**;35:6192-201.

[8] Drozdov AD, Christiansen J.deC. Spannungs-Dehnungs-Beziehungen für Hydrogele unter multiaxialer Verformung. *Int J Solids Struc* **2013**;50(22-23):3570-85.

[9] Zhu J, Marchant RE. Design properties of hydrogel tissue-engineering scaffolds. *Expert Rev Med Devices* **2011**;8(5):607-26.

[10] Aswathy SH, Narendrakumar U, Manjubala I. Kommerzielle Hydrogele für biomedizinische Anwendungen. *Heliyon* **2020**;6(4):e03719.

Anhang

Symbol	Meaning
$\overline{M}_c$	Molecular weight of the polymer chain between two neighboring cross links
ρ	Crosslink density
ΔG	Total Gibbs free energy of swollen hydrogel
ΔG_{mix}	Free energy of mixing i.e. polymer-solvent mixing
ΔG_{el}	Elastic contribution to hydrogel free energy
ΔH_{mix}	Change in enthalpy of polymer-solvent mixing
ΔS_{mix}	Entropy change on mixing
Ω	Number of distinguishable arrangements of the system
n_1	Number of molecules of solvent
n_2	Number of molecules of polymer
$\phi_{1,s}$	Volume fraction of solvent in swollen gel
$\phi_{2,s}$	Volume fraction of polymer in swollen gel
Δw_{12}	Change in energy of forming a 1-2 contact
$P_{1,2}$	Average number of [1,2] contacts over all the lattice configuration
z	Nearest neighbours
x	Number of segments per chain
χ_1	Flory-Huggins interaction parameter
$\vec{\Gamma}$	Gaussian distribution function for end to end distance
α	Expansion factor
v_e	Effective number of chains
μ_1^o	Chemical potential of water in pure state
μ_1	Chemical potential of water in gel
V_r	Volume of relaxed gel
V_s	Volume of swelled gel
$v_{m,1}$	Molar volume of solvent
M_n	Average molecular weight of uncrossed polymer
ν	Number of crosslinked units
$v_{sp,2}$	Specific volume of polymer

f	Functionality of crosslinking agent
d_p	Density of polymer
d_s	Density of solvent
w_o	Weight of polymer before swelling
w_∞	Weight of polymer after equilibrium swelling
Q_v	Volumetric swollen ratio or equilibrium swelling ratio
l	Bond length along the polymer backbone
C_∞	Flory characteristic ratio
N	Number of links
M_r	Molecular weight of repeating units
ξ	Mesh size
δ_1	Solubility parameter of solvent
δ_2	Solubility parameter of polymer
χ_S	entropy contribution to χ_1
$\bar{r}_o$	End to end distance of network chain between two adjacent crosslinks in the unperturbed state
m_i	Mass of monomer 'i'
M_i	Molar mass of monomer 'i'
V_p	Polymer volume
V_g	Swollen gel volume
D_{ip}	Diffusion coefficient in the hydrogel
D_{iw}	Diffusion coefficient in pure solvent
λ	The ratio of the solute diameter to the pore size
-cl-	crosslinked
-co-	copolymerized
-g-	grafted
k	Boltzmann constant
3D	Three-dimensional
GO	Graphene oxide
DD	Drug delivery
kGy	kilo Gray
P	Poly

Printed by Books on Demand GmbH, Norderstedt / Germany